艺术设计
ARTDESIGN

高等院校艺术学门类『十三五』规划教材

景观设计基础
JINGGUAN SHEJI JICHU

主编 蒋卫平

副主编 张赛娟 陈祥杰 王晴晴 阎轶娟

参编 肖花 易锐 李红松 李银兴 陈理

U0363036

华中科技大学出版社
http://www.hustp.com
中国·武汉

图书在版编目（CIP）数据

景观设计基础 / 蒋卫平主编. — 武汉：华中科技大学出版社，2018.5（2023.7重印）
ISBN 978-7-5680-1706-0

Ⅰ.①景…　Ⅱ.①蒋…　Ⅲ.①景观设计–高等学校–教材　Ⅳ.①TU986.2

中国版本图书馆 CIP 数据核字(2016)第 080547 号

景观设计基础
Jingguan Sheji Jichu

蒋卫平　主编

策划编辑：袁　冲
责任编辑：倪　菲
封面设计：孢　子
责任校对：曾　婷
责任监印：朱　玢
出版发行：华中科技大学出版社（中国·武汉）　　电话：(027) 81321913
　　　　　武汉市东湖新技术开发区华工科技园　　邮编：430223
录　　排：武汉正风天下文化发展有限公司
印　　刷：广东虎彩云印刷有限公司
开　　本：880 mm × 1 230 mm　1/16
印　　张：9.5
字　　数：298 千字
版　　次：2023 年 7 月第 1 版第 2 次印刷
定　　价：59.00 元

前言

JINGGUAN SHEJI JICHU

景观设计是一门集多学科于一体的综合性学科，是一门涵盖丰富理论技能的边缘性前沿学科。景观设计产业也成为反映时代特色、地域风格与城市精神面貌的窗口。此书是编者从事环境艺术与景观设计教学十余年的经验积累与实践总结，旨在更好地完善和发展环境景观设计的基础教育，从基础教育入手培养环境景观设计方面的艺术人才，培养具备多方面的能力，尤其是独特新颖的艺术创作和设计表现能力的景观设计师。

基于编者对于景观设计学的基本认识，本书着重从以下几个方面进行阐述：对景观设计的相关概念进行概述，探求景观设计的原则，了解景观设计的表现形式，掌握景观设计的几大要素，熟悉景观设计的方法与程序，并列举了各类型景观设计案例等。

本书适合普通高等院校或艺术院校景观设计学与环境艺术等相关专业作为专业设计课程教材，也可以作为风景园林及相关专业的基础教材。

本书在内容与章节的安排上符合思维认知规律，以便于读者在景观设计的基础学习阶段能较好地把握理论知识、能力和思维方法。本书内容全面，图文并茂，注重以完整的实例来解读景观设计的方法和程序，多个案例为本书增添了不少亮点，还能给读者一定的参考价值。

本书是湖南省普通高等学校教学改革研究项目的部分成果，由湖南涉外经济学院蒋卫平担任主编，由湖南涉外经济学院张赛娟、湖南涉外经济学院陈祥杰、怀化学院王晴晴和武汉生物工程学院阎轶娟担任副主编。参与本书编写工作的还有湖南师范大学肖花、湖南涉外经济学院易锐、湖南涉外经济学院李红松、湖南涉外经济学院李银兴和湖南第一师范学院陈理。

在本书的编写过程中，编者参阅了国内外的同类书籍和资料，在此向相关作者表示衷心感谢，也对提供案例的同行、学生表示诚挚的谢意。由于编者学识水平有限，加之时间仓促，错误和疏漏之处在所难免，望广大读者和同行批评指正。

编　者
2018.3

目录

JINGGUAN SHEJI JICHU

103 **第六章　各类型的景观设计案例**

 146 **参考文献**

第一章

景观设计的概述

JINGGUAN SHEJI DE GAISHU

第一节
景观设计的概念

一、景观的含义

景观（landscape）一词在古代是指可以证明个人或者集团所拥有的一块土地。后来，受大多数画家的影响，景观被称作为风景画和一些园林艺术。如今，景观的含义更广泛，是指风景、山水、地形、地貌等土地及土地上的空间和物质所构成的人与自然活动的综合体，并依据特定的思想内涵、审美倾向和社会功能进行科学、系统、合理的规划与划分，以体现某一特定区域的综合特征。它能够反映自然和人类活动在大地上的双重结果。

俞孔坚教授认为，景观是多种功能的载体，其功能表现为以下4点。

（1）风景：视觉审美过程的对象。

（2）栖居地：人类生活于其中的空间和环境。

（3）生态系统：一个具有结构和功能，具有内在和外在联系的有机系统。

（4）符号：一种记载人类过去，表达希望与理想，并赖以认同和寄托的语言以及精神空间。

景观是历史、伦理、道德和价值观的外在体现。它能表现人类的理想和追求，以及在特定社会发展阶段的意识形态和地理区域的内在特征。从这个角度来看，我们可以把景观分为天然景观和人工景观两大类。

天然景观（见图1-1）是指受到人类间接、轻微或偶尔影响而原有自然面貌未发生明显变化的景观，如高山、草原、沼泽、热带雨林及某些自然保护区等。

人工景观（见图1-2）则涵盖较为广泛，如人类的栖居地、历史古迹等都属于人工景观。人工景观通过对自然景观进行有目的的改造和修饰，以体现出其历史性、民族性、地域性、文化性等特点。人工景观分为大、小两方面：大的方面是城市景观、园林景观、建筑景观等；小的方面则是小品景观、植物景观、滨水景观等。

图1-1　天然景观

图1-2　人工景观

二、景观设计的历史地位与作用

（一）景观设计

景观设计是一门交叉性十分强的设计类学科，涉及建筑学、植物学、心理学、地理学、管理学、社会学、经济学、行为学、风水学等多种学科，涵盖了环境、人文历史、文化艺术、城市规划、旅游、区域地理等多个方面。美国景观设计师协会（ASLA）对景观设计学的定义是：景观设计是一种包括自然及建筑环境的分析、规划、设计、管理和维护的学科，属于景观设计学范围的活动包括公共空间、商业及居住用地的规划、景观改造、城镇设计和历史保护等。

景观设计不仅需要用自然、科学的方法对景观进行分析、规划布局、整体设计、改造、管理、保护和恢复，而且它更注重人作为内在生活体验者的视觉和心理感受，因此景观设计具有空间环境和视觉特征的双重属性（见图1-3）。空间环境包括：外界条件（生物圈、地形、气候、植被）、功能（人的活动）、构造（材料、结构），视觉特征包括：艺术性（构图法则）、感觉性（声、光、味、触）、时间性（四季、昼夜、早晚）、文化内涵（民族、职业）等。

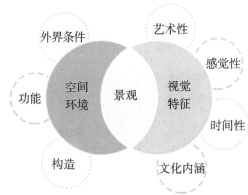

图1-3 景观设计的双重属性

（二）景观设计的历史地位

19世纪以来，科学技术的发展给人类的生活水平和生活方式带来了前所未有的巨变，同时也给人类赖以生存的生活环境带来了巨大的破坏。随着人类认知能力的不断提高，环境意识的不断增强，人们开始重新审视日趋恶化的生活环境，并越来越意识到人类与环境的紧密关系和维护环境的重要性。解决社会发展与生态环境之间的关系，使各种现代环境设计更好地满足当地人的精神文明需求和物质，已经成为当前人类最迫切的需求。如何解决环境与人类的平衡关系，以及合理使用土地等方面的问题，是人类社会所面临的重要议题。而此时，景观设计的形成和发展促进了人类生活环境质量的提高，改进了人类和自然环境的平衡，因此在社会发展史上，景观设计有着举足轻重的地位。

（三）景观设计的作用

景观设计具有美化环境的功能，而美化环境能够促进人和自然，以及人和人之间的和谐相处，最终创造人与自然、人与人之间可持续发展的环境文化。景观设计中合理的空间尺度、完善的环境设施、喜闻乐见的景观形式的运用，可以让人更加贴近生活，缩短人与自然的心灵距离。这不仅能提升某个地区的品位和发展潜力，还很好地体现了一个地区的精神状态和文明程度。

景观设计的另一个作用是给人类带来最大程度美的享受。大量的绿化种植、水池设施，可以创造一个健康、舒适、安全，具有长久发展潜力的自然生态良性循环的生活环境，它可以调节人的情感与行为，同时其幽雅、充满生机的环境还可以使人的心情愉悦、欣慰、满足。

第二节
景观的溯源与发展

一、景观设计的溯源

（一）国内景观设计的溯源

中国的传统景观主要体现在园林和城市两个方面，其中中国的古代园林设计影响范围十分广泛，甚至推动了西方传统园林的发展。

据考证，黄帝时期的玄圃是世界造园史中最早有记载的人造景观。到尧舜禹时期，已设有专门官员掌管"山泽园囿田猎之事"。春秋战国至秦朝时期，诸子百家思想争鸣，特别是以老子、庄子为代表，提倡亲近自然的思想，使诸侯造园逐渐普及，各诸侯多有一定规模的私人园囿；秦始皇大兴土木，修建规模宏大的阿房宫，建驰道，植青松为旁树（这是世界上种植行道树最早的记载）。

魏晋南北朝时期，战乱纷争不断，又由于佛学东渐，遂广修寺庙、园林，其中不乏一些名园佳苑。从传世的敦煌壁画可以看出，当时的私园多以取法自然为主。

图1-4 《辋川图》

隋唐时期，皇家园囿规模宏大，特别是隋炀帝的西苑，据相关史料记载，其建造规模极其奢靡华丽，其风格重奇巧富丽，为布景式造园。到了唐朝，私家园囿的营造逐渐达到中国园林建造的一个高峰阶段。这个时期，全国的园林发展极盛，园林大多建在山林之中，依山近水，占地面积较大，园中还开始风行布置奇石、盆景，以备闲庭信步时驻足欣赏。据传，王维的山水画作品《辋川图》（见图1-4）中绘制了辋川别墅的布局，以及园中亭台楼阁的大致规模，可以作为今天研究唐代园林的一个很好参考。

两宋期间，社会经济繁荣昌盛，市井文化、民风民俗都非常丰富，这些盛况都可从张择端的《清明上河图》（见图1-5）中窥见一二。宋代修建园林的风气也很兴盛，这一时期奇石、盆景应用在园林中已成为一种普遍现象，庭院多为自然山水园。南宋迁都临安后，江南地区的造园风气日渐兴盛，而地处江浙的苏州、扬州、杭州等地经济繁荣，地理环境优越，因此所建的园林不仅数量多，而且规模大，并逐渐形成了中国园林的主流风格。

图1-5 《清明上河图》

明朝继承了唐宋的余风，全国各地几乎都有园林分布，这时的园林设计已呈专业化趋势，有专业造园理论和职业造园家出现，造园技巧也更成熟。随着南北经济文化的交流，中国北方也开始发展园林。

清朝时期是我国造园艺术的又一鼎盛时期，这时造园已相当普遍，达官贵族的园林中多设置亭台楼阁、山池花木、盆景假山。江南的造园手法也因清朝皇帝的几次南巡而被带回京城，用于宫廷园囿的建造，无形中促进了中国南北园林艺术的交流，从而新建和重建了一批经典名园，如颐和园万寿山（见图1-6）、圆明园、承德避暑山庄、北海公园、扬州瘦西湖等皇家园林及拙政园（见图1-7）、留园、网师园等私家园林，都是中国园林的杰作。

中华人民共和国成立后，中国园林事业的发展进入了一个新阶段，逐步恢复、重建了一大批由于战乱被毁的园林，并开始进行城市公园和广场的建设。同时，随着园林设计水平和学科教育逐步与国际接轨，我国的园林事

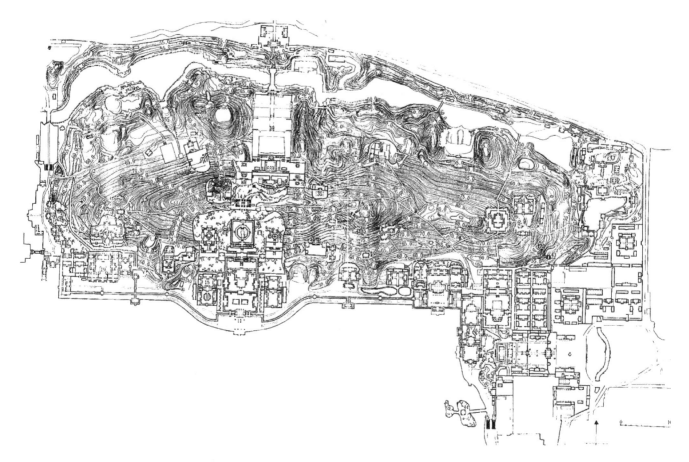

图 1-6　颐和园万寿山现状总平面图

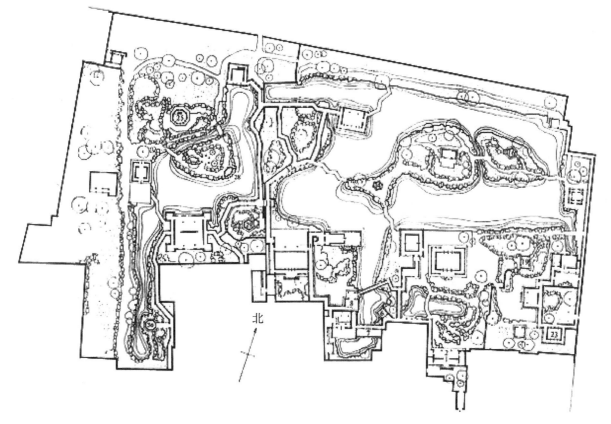

北

图 1-7　拙政园

业进入到全新时期。

进入 21 世纪后，随着我国园林设计与国际交流越来越多，我国的园林艺术逐步实现了与国际同步发展和交流。以北京大学俞孔坚教授和同济大学刘滨谊教授为代表的一批年轻学者积极引入一些国际上最先进的景观设计理念，把景观设计和我国的传统园林艺术融合在一起，促进了中国景观设计行业的发展，使中国的景观设计发展到了一个新的阶段。

（二）国外景观设计的溯源

国外的景观设计发展因为其国家多、民族与民族的传统不同，而十分的庞杂。它们结合本国的地理环境、气候条件、生产力及文化特点等，产生了风格各异的景观设计发展历程。

1. 古埃及与两河流域的景观设计

古埃及是景观设计起源较早的国家。从古王国时期（公元前 2686—前 2181 年）开始，古埃及出现了种植着果木和葡萄的实用性园林，这些面积狭小、空间封闭的实用园，便是埃及园林的雏形。古埃及的园林形式大致有宅园、圣苑、墓园三种。古埃及人利用其特殊的地理位置和自然环境，建造了对称的方形、平面几何形式的园林，他们将尼罗河水引入园林，形成水面。景观建筑以石材为主，园中有构造简单的凉亭，两旁种有椰子类行道树，还有鸟、鱼、水生植物等。可见，古埃及园林在那时已初具规模。古巴比伦地处两河流域一带，地形复杂，多丘陵，而且土地潮湿，因此古巴比伦的庭院多为台阶状，每一阶上建有宫殿，并在台阶顶上栽植树木花草。若从远处看，这些园林好像悬在空中，被称为悬园（见图 1-8）。

2. 古希腊、古罗马的景观设计

古希腊是欧洲文化的发源地，属于地中海国家，位于地中海东岸，受中东和古巴比伦的影响，古希腊的景观形式多为几何形的，以实用为主，多以水池为中心，周围绕以廊柱，以聚集雨水。当地人性格热情奔放，是天生的艺术家，尤其擅长雕塑，所以大量布置美丽的雕塑是古希腊景观的显著特点之一（见图 1-9）。

图 1-8　悬园

图 1-9　古希腊雕塑

古罗马是欧洲景观设计的又一个重要代表，其景观设计的发展与它的国势逐渐强大关系密切。在古罗马建国之初，由于频繁的战争使得他们无暇顾及造园，再加上古罗马本土庭院植物的缺乏，且造园样式和景观植物大多从古希腊引入，因此，不可避免地出现了罗马庭院与希腊庭院非常相似的现象。到了古罗马全盛时期，其造园规模有了较大的进步，舍弃了古希腊的中庭式而采用的宫苑式，并利用自然的山、水景于郊外做大面积的别墅，逐

渐形成了具有古罗马特色的景观艺术。古罗马的城市规划、建筑设计、景观设计都是那个时期的典范（见图1-10）。古罗马庭院应用植物比较丰富，还大量地应用喷泉和设计精巧的雕塑（见图1-11）。

图1-10　庞贝古城

图1-11　古罗马许愿池

3. 中世纪的欧洲景观设计

中世纪是欧洲景观艺术发展的一个特殊时期，这一时期的景观艺术发展显得比较平庸。从单体建筑上看，中世纪的欧洲诞生了两种著名的建筑风格——拜占庭风格（见图1-12）和哥特风格（见图1-13）。就城市整体景观环境而言，中世纪的欧洲城市形成了与古罗马情趣迥异的城市景观。

图1-12　圣索菲亚教堂

图1-13　巴黎圣母院

1）拜占庭风格

拜占庭风格的特点如下。

(1) 屋顶造型普遍使用"穹隆顶"。

(2) 整体造型中心突出。体量既高又大的圆穹顶，往往成为整座建筑的构图中心。

(3) 它创造了把穹顶支承在独立方柱上的结构方法和与之相应的集中式建筑体制。其典型做法是在方形平面的四边发券，在四个券之间砌筑以对角线为直径的穹顶，仿佛一个完整的穹顶在四边被发券切割而成，它的重量完全由四个券承担，从而使内部空间获得了极大的自由。

（4）色彩的使用上，既注意变化，又注意统一，使建筑内部空间与外部立面显得灿烂夺目。

2）哥特风格

哥特式建筑的特点是尖塔高耸、尖形拱门、大窗户及绘有圣经故事的花窗玻璃，在设计中利用尖肋拱顶、飞扶壁、修长的束柱，营造出轻盈修长的飞天感。新的框架结构以增加支撑顶部的力量，予以整个建筑垂直的线条、雄伟的外观和教堂内空阔的空间，常结合镶着彩色玻璃的长窗，使教堂拥有一种浓厚的宗教气氛。

4. 意大利的景观设计

以意大利为中心的"文艺复兴"运动，是欧洲文艺复兴期间最具影响力的人文主义运动。人文主义运动呼吁尊重人性、尊重传统文化，在此历史背景下，无论是城市建设、建筑还是景观设计，都上升到了一个全新的高度。在意大利的景观设计中，由于田园的自由扩展以及风景画的影响，建筑雕刻在景观设计中广泛运用，逐渐发展成为近代景观设计的渊源，直接影响了西方欧美各国的景观设计形式，在景观设计历史上占据重要的位置。16—17世纪是意大利式景观设计的黄金时期，17世纪后，意大利景观设计趋向于具有装饰趣味的巴洛克风格（见图1-14）。这一类型的景观多运用矩形、曲线等，并逐步从几何型向艺术曲线型转变，同时，景观细部设计有精美的装饰，喷水池的利用技巧也非常高超，并开始雇佣工人修剪植物（见图1-15）。这种风格在反对僵化的古典形式、追求自由奔放的格调和表达世俗情趣等方面起了重要作用，并影响了城市广场、园林艺术以至文学艺术，使之在欧洲掀起一番热潮。

图1-14　罗马耶稣会教堂　　　　　　　　　　　图1-15　维琴察圆厅别墅

巴洛克风格的主要特征如下：

（1）豪华，既有宗教特色，又有享乐主义的色彩；

（2）它是一种激情艺术，非常强调艺术家的想象力；

（3）极力强调运动，运动与变化是巴洛克艺术的灵魂；

（4）关注作品的空间感和立体感；

（5）具有综合性，强调艺术形式的综合手段，例如在建筑上重视建筑与雕刻、绘画的综合，还吸收了文学、戏剧、音乐等领域里的一些因素和想象；

（6）浓重的宗教色彩；

（7）大多数巴洛克艺术家有远离生活和时代的倾向，在一些天顶画中，人的形象变得微不足道；

（8）优雅与浪漫。

5. 法国的景观设计

法国的景观设计在气势上比意大利式景观更强，也更为人工化，洛可可式是它的主要表现形式。法国洛可可式景观呈平面铺展式发展，以主轴对称为主要平面布局方式，讲究平面图案美。广泛使用宽阔的草坪，将树木修剪成几何形体，门窗和园篱多为铁质，园内多用雕像、行道树、喷泉、花坛、人工河流作为装饰。如闻名于世的凡尔赛宫就是法国式景观设计的杰出代表，宫殿富丽堂皇，非常气派；几何式景观的构图规则，精致华丽；还有独具匠心的镜厅（见图1-16）和音乐喷泉（见图1-17）。

图1-16　凡尔赛宫镜厅　　　　　　　　　　　　　　图1-17　凡尔赛宫音乐喷泉

6. 英国的景观设计

英国的景观设计对西方景观设计的发展具有重要影响。16—18世纪的英国受外界影响比较少，因此，英国的景观设计形成了独特的本国特色。虽然欧洲的几何式庭院也曾传入英国且风行一时，但后来受自然主义的影响，当时的思想家都竭力提倡自然式风格，改变人工化痕迹严重的几何式，因此，英国风景式造园很快便风行起来。这种风景式庭院尽量利用森林、河流和牧场，将庭院的范围无限扩大，庭院周围的边界也完全取消，不用墙篱围绕，而仅仅是掘沟为界（见图1-18）。

7. 美国的景观设计

由于没有本国传统的景观设计风格可以借鉴和遵循，美国在其东部开始盛行模仿英国风景式造园，其形式和材料完全抄袭英国的模式。此外，意大利、法国等造园样式也先后传入美国，对美国日后形成自己的景观设计特色也产生了间接影响。

20世纪以后，美国的景观设计逐步发展完善，并开始引领世界景观设计的发展方向。在这期间，美国出现了一些很有作为的景观设计师，他们提出了自己的景观设计理论并用于实践和景观设计专业教育，甚至提倡建立相关的法案。如设计华盛顿议会和白宫周围景观的设计师德鲁·杰克逊·唐宁主张应以园艺为主干；还有弗雷德里克·劳·奥姆斯特德，他被誉为"美国景观设计之父"，其代表作有纽约中央公园（见图1-19）及芝加哥的南部公园，这些代表作均为满足现代生活的综合式景观设计。

图1-18　风景式田园　　　　　　　　　　　　　　图1-19　纽约中央公园

8. 日本的景观设计

日本庭院的历史相当悠久，其早期造园艺术受中国园林艺术的影响比较大，特别是在平安朝时期（约为中国唐末至南宋时期），几乎是模仿中国造园。最早见于文字记载的日本庭院是公元 620 年飞鸟时代的苏我马子的庭院。到 7 世纪末，日本天武之子草壁皇子的庭院里增加了瀑布，初步形成了具有自然风味的日本庭院。奈良时代后期，日本庭院池中放入水鸟，并伴以小桥，池中采用岩石，仿造海景，使人们在不易见到海的山间地带可以欣赏到大海风景。

图 1-20 龙安寺

从镰仓时代到室町时代，由于受禅宗文化和北宋画的影响，日本庭院的艺术性得到大幅提高。当时在造园材料中最受欢迎的是石头，并随着用石技术的日趋完善，石头在日本庭院的构成和表现上起到了极为重要的作用，如点缀装饰庭院的石灯笼、石塔、石制洗手钵及石铺地等。

后来，由于受佛教思想、特别是禅宗的影响，日本制作庭院时，赋予山岳和岩石以佛姿，使庭院的构成和表现趋于抽象化，其造园设计也多以娴静雅致为主题，这样便形成了独具特色的枯山水式庭院。这种庭院一般规模较小，以造景石头为主要的组景对象，并用白沙来代表水面。日本枯山水庭院杰出的代表作是建于 15 世纪的龙安寺（见图 1-20）

二、景观设计的发展

(一) 景观设计的发展现状

随着社会的不断变化与发展，景观设计具有以下发展现状：一是独立与结合特征增强，景观设计作为独立的学科，逐步融合更多的学科；二是设计特点与重要性逐步明朗，呈现出多样化、多需求的发展趋势；三是面临周期性考验，时代发展太快，设计师让自己的环境设计作品存活得更久，更为人们所喜爱，需要提高自身各项能力。

(二) 景观设计的发展方向

1. 生态景观设计

生态景观的核心要义是围绕"城市让生活更美好"的主题，从生态层面上进行景观建设。生态景观既有正生态景观的概念，也有负生态景观的概念，如空气污染、水质变坏、绿地减少等，属于负生态景观的范畴；反之，则属于正生态景观的范畴。作为城市景观设计工作者，应当努力塑造正生态景观，为人们创造优美、健康的生活环境。

2. 健康景观设计

健康景观是从人类自身健康的角度，对公众活动场所，如广场、街道、小区等进行建设，鼓励人们运动、锻炼，使人们身心健康。健康景观首先在美国提出，主张把机动车道变窄，人行道加宽，增加人行道绿化，这不仅有利于节能，还有利于身心健康。

3. 艺术景观设计

艺术对景观设计而言，不仅是一种形式语言的借鉴，还是一种思维方式。在当今全国"千城一面"的情况下，艺术作为一种思想工具，在景观设计的创新中应该发挥它应有的魅力。艺术景观设计的目的就是将景观设计得更美，更有文化内涵，经得起历史的考验。

4. 注重景观设计的方法和技巧

由于景观设计不同于其他设计，它既要满足一定的功能要求，又要求艺术性、观赏性强，因此其设计的方法主要有以下几点。①强调立意，景观设计的立意强调景观效果，突出艺术意境创造，但绝不能忽视景观的功能和自然环境条件。景观设计的立意还在于设计者如何利用和改造环境条件，如绿化、水源、山石、地形、气候等。②讲究尺度与比例，功能、审美和环境特点是决定园林尺度的依据，恰当的尺度应和功能、审美的要求相一致，并与环境相协调。③突出色彩与质感，景观的色彩与质感处理得当，园林空间才能有强有力的艺术感染力。

第三节
景观的类型

根据不同的角度，景观设计可以分为不同的类型，主要有：公园景观，广场景观，居住区景观，道路景观，滨水景观，庭院景观等。

一、公园景观

公园的发展最早可追溯到公元前 5 世纪至公元前 9 世纪，最初的公园是一些经过改建的树木园、葡萄园、蔬菜园等，树阴、泉水、座椅、小路等设施也体现得较为完善。文艺复兴以后，公园得到了巨大的发展，一些高质量的私家花园对外开放，一些制作精美、雅致的范例被引入到公园设计当中（见图 1-21）。在近代，公园的设施更加趋于完善与合理，人性化的主题得到了全面的体现，市民可以在公园中进行交流、聚会、运动、放松心情及享受与自然近距离的接触，因此，公园常被称作"沙漠中的绿洲"（见图 1-22）。

图 1-21　私家花园引入公园设计　　　　　　　图 1-22　沙漠中的绿洲

（一）公园的类型

（1）根据所属关系分：公园有县（区）级公园、市级公园、省级公园、国家公园等。

（2）根据所处的位置分：公园有居住区公园、室内公园、郊外公园、海上公园、空中公园、水下公园等。

（3）根据主题性质分：公园有文化休闲公园、儿童公园、动物园、植物园、体育公园、纪念性公园（陵园）、湿地公园、滨水公园、遗址公园及各种主题公园等。

（二）公园景观空间的功能体现

公园在功能上可以归纳为以下 3 个方面。

1. 满足人类对自然环境的渴望

人类对大自然充满热爱，渴望着回归自然。自然因素在城市中体现得最为突出的是公园景观空间。公园被认为是钢筋混凝土沙漠中的绿洲，这对于处于城市工作繁忙的人群来说，无疑是寻求精神与视觉放松，感受四季变化，接触自然界的较为方便和理想的场所。

2. 满足与人进行交往的需求

公园为人与人之间进行交谈、聚会、野餐提供了一个舒适的场所，同时也为人们交往提供了一个理由，因为人们可以一边欣赏优美的景色，一边进行交流。另外，公园的自然环境，可以使人放松心情，更利于形成平和安静的交流气氛。

3. 其他功能

公园还有一种特殊的功能，即城市防灾。当重大灾难（如地震）发生以后，公园的空旷场地将成为人群疏散的最理想场所。

在公园设计过程中，如何满足公园使用者的需求是一个至关重要的问题，因此应注意以下几个方面。

（1）把美学与自然相结合，创造出自然而富于变化的环境，如在植物的种类、质感、颜色、形状上进行合理搭配，布置流动与静止的水等。

（2）为公众提供信息，如在树木、假石上标明种类、产地、特性等相关的标牌，在雕塑、壁画上标示出作者等，使游客在观赏的同时能对公园有更多的了解。

（3）营造自然的氛围，对于一些树木，要保留其本身的自然性，不要过分地修剪，同时，一些路径的材质也要尽量接近自然。

（4）提供完备的附属设施，如桌子、座椅、围廊等。

（5）公园的文化特色和地方特色相结合，创造出具有地方性的景观特色。

（6）结合城市规划，注重可持续发展理念。

（7）通过新颖的游戏策划，使其与公园风格相协调。

（8）在园内划分区域，使游客能够对园区的状况清晰明了，如游乐区、商业区等。

（三）公园景观的布局形式

公园景观的布局形式多种多样，但总的说来可分为以下 3 种。

1. 规则式

规则式又可以称为建筑式、整形式、几何式、图案式。它以建筑或建筑空间布局作为主要形式，具有明显的对称轴线，各种景观要素也都是按照这种对称形式来展开设计和布置的。这种布局形式具有庄严、雄伟、整齐、肃静、人工美等特点。很多西方的古典园林，如文艺复兴时期的意大利台地园，以及 18 世纪前的古埃及、古罗马和古希腊等园林都属于此类型，17 世纪的法国勒诺特尔式园林和我国的故宫也是采用的这种形式。

2. 自然式

自然式又称风景式、山水式、不规则式。这种景观最大的特点是形式布置灵活、自由，没有明显的轴线关系，效仿自然中的美景，形成人造景观与自然景观的完美结合。中国古典园林景观如苏州园林、北京的颐和园等都属于此类型。

3. 混合式

混合式是把规则式和自然式的特点融为一体，是应用最多的一种公园布局形式。这种形式布局灵活，因地制宜选择布局形式，造景手法丰富，有利于景观设计师发挥其设计才能。

二、广场景观

广场是一个具有久远历史的建筑形态。最早的广场出现于 8 世纪的古希腊，当时广场的主要功能是举行供奉、祭祀和宗教仪式活动。中国古代（包括整个封建社会时期），"广场"或"似广场"有两类：一是由院落空间发展而成的；二是结合交通、贸易、宗教活动之需的城镇空地广场。

（一）城市广场的概念

城市广场是城市中的开阔场地及其相关要素的总和，是城市中人们进行政治、文化、经济、娱乐等社会活动或交通活动的空间，通常是大量人流、车流集散的场所，并逐渐成为城市道路的枢纽。

广场在空间构成上应具备以下 4 个条件：

（1）广场的边线清楚，能成为"图形"，此边线最好是建筑的外墙，而不是单纯遮挡视线的围墙；

（2）具有良好的封闭空间的"阴角"，容易构成"图形"；

（3）铺装面铺到广场边界，空间领域明确，容易构成"图形"；

（4）周围的建筑具有某种统一与协调，并且其 D（宽）与 H（高）有良好的比例。

（二）城市广场的特征与界定

现代城市广场作为城市公共活动空间的一种，与其他（如街道、庭院、公园等）城市户外公共活动空间是有所区别的，需要说明的是，以下各类界定要求是相对的，城市户外公共空间可以通过设计进行灵活的空间分隔与变化。

1. 城市广场与城市街道

城市街道是由多种软、硬质景观和设施构成的线状城市道路空间，其功能是满足通行、购物、观光、休闲及其他城市活动，两边主要以建筑界定，所以街道和广场的区别主要有以下几点。

（1）街道是城市道路的重要部分，而广场不一定是。即使是交通性广场，则其功能仅仅是满足交通通行及集散功能。

（2）街道是线状空间，而广场长宽比是重要控制要素。经验表明，一般矩形广场的长宽比不应大于 3，如果长宽比大于 3，则从交通组织、建筑布局和艺术造型等方面效果均不会太佳，因此可以认为长宽比小于 3 的为城市广场空间，长宽比大于 3 的为城市街道空间。

（3）考虑周边建筑界面高度（H）与地面界面尺寸（D），结合人的心理感受，当 D/H=3 时可以看清实体与建筑的关系，但是空间离散、围合感差，因此可以认为当 D/H>3 时属于城市街道空间，反之则为城市广场空间。

（三）城市广场的形态

城市广场常见的形态有平面型与立体型两种。

平面型广场是常见的形式，指步行、车行、建筑出入口、广场铺地等都处于一个水平面上，或略有上升、下沉，其建筑、道路、铺地构成广场的基本要素。

立体型广场是通过垂直交通系统将不同水平层面的活动场所串联为整体的空间形式，上升、下沉和地面层相互穿插组合，构成既有仰视又有俯视的垂直景观。与平面型广场相比，立体型广场更具点、线、面、体的层次性和戏剧性的特点，其缺点是水平方向的开阔视野和活动范围相对缩小。由于城市的空间与道路系统日趋复杂化和多样化，立体型广场已越来越受到人们的重视，因为它容易实现交通分流，同时得到一个相对安静、安全、有利于交流、围合有序的广场空间（见图 1-23）。

道路与广场的关系非常密切，道路可穿越或汇聚于广场，其数量、宽度及位置对广场的形态会产生一定的影响。当广场周边道路密集时，要处理好车流和人流分流的问题（见图1-24）。

图1-23　广场围合空间

图1-24　人车分流

(四) 城市广场的基本类型

城市广场类型繁多，可以根据主广场的使用功能、空间尺度、空间形态和材料构成几个方面的不同属性和特征来进行分类。

城市广场按使用功能划分，包括集会性广场、纪念性广场、交通性广场、商业性广场、文化娱乐休闲广场等。

（1）集会性广场包括政治广场、市政广场和宗教广场等类型。集会性广场一般用于政治和文化集会、庆典、游行、检阅、礼仪及传统民间节日活动，如北京天安门广场（见图1-25）、威尼斯圣马可广场（见图1-26）。

图1-25　北京天安门广场

图1-26　威尼斯圣马可广场

（2）纪念性广场一般是为了纪念重大历史事件或重要历史人物而设置的，供群众瞻仰、纪念或进行传统教育等，如南京中山陵广场（见图1-27）、罗马圣彼得广场（见图1-28）。

图1-27　南京中山陵广场

图1-28　罗马圣彼得广场

（3）交通性广场是城市交通系统的组成部分，是城市中各类交通的连接枢纽，起到交通、集散、联系、过渡及停驻作用，强调合理的交通组织。交通性广场包括站前广场和道路交通广场等，其中站前广场包括火车站、飞机场和轮船码头等。道路交通广场是指几条道路相交的较大型交叉路口，特别是在4条以上道路相交的交叉路口设置，一般采用环形广场形态，因此也称"交通岛"或者"交通环岛"（见图1-29）。

图1-29　交通环岛

（4）商业性广场包括集市广场、购物广场。商业广场往往集购物、休息、娱乐、观赏、饮食、社交为一体。商业广场多采用步行街的布置方式，强调建筑内外空间的渗透，把室内商场与露天市场结合起来。

（5）文化娱乐休闲广场包括音乐广场、街心广场、花园广场、文化广场、滨水广场、运动广场、雕塑广场、游戏广场、居住区广场等，它是城市中分布最广泛、形式最多样的广场。与前述的广场类型相比，文化娱乐休闲广场具有以下鲜明的特点。

① 参与性：该类广场设计以活动为主旨，充分满足城市居民多样化的活动要求，如健身、展览、表演、集会、休息、赏景、社交等多种功能。此类广场是城市居民日常生活中重要的行为场所。

② 生态性：强调绿化和环境效益，强调植物配置在广场构成中的作用。该类广场的一大特点是形成一定的植物景观。

③ 丰富性：不仅空间形式丰富，大小穿插、高低错落，充满变化，而且小品的种类也更加齐全、多样。

④ 灵活性：充分结合环境和地形，可大可小，可方可圆，成为方便居民使用的公共活动场所。

三、居住区景观

居住区景观设计是一项深入到社会经济、文化、生态等领域的复杂工程，是城市的重要组成部分。居住区景观设计不仅仅是多植一些花草树木，还应以全面的景观环境设计标准为目标，对居住区的社会环境、生态环境、交通环境、景观环境等各方面做全方位的考虑与设计。以景观设计为手段，不仅可以提高居住区的社会环境效益，而且其经济效益方面也得到升值。

（一）居住区景观的作用

全面的居住区景观设计应包括环境绿化、户外使用及景观形象这3个方面的内容。

1. 环境绿化

绿化不仅仅是美化和只以绿化的形态存在，而是起到调节生态环境的作用。在配置时，需讲究植物的生态化布局，要与地形处理、水体设计相融合，使社区内部整体环境最优化。

2. 户外使用

对于住户来讲，社区庭院是开放的可供使用的公共活动场所，又是相对的私密空间，不同于城市的公共环境。它与自然界交往的空间，也是社区居民的社交空间及体育锻炼的空间。对于老年人来说，这种邻里的社会交往，可以帮助他们减轻孤独感；对于儿童来说，可以与同龄人或成年人交往，在日常活动中受教育，健康地成长。因此，社区庭院作为一个景观场所，从精神上为居民创造了一个和谐融洽的生活氛围。

3. 景观形象

居住区景观环境是城市景观的重要组成部分，属于量大、面广的"面状"景观空间，因此，居住区的建设关系到城市整体景观环境的质量。景观设计还可以柔化建筑物僵硬的线条，成为功能和环境过渡的缓冲带，满足城市人的内在精神需求。

(二) 居住区景观的特征

1. 设计整体性

作为居住区规划设计的重要组成部分，居住区景观规划与居住区功能布局结构、道路体系、公共设施布局等方面有着紧密联系。因此，居住区景观规划设计必须从居住区整体规划的角度考虑，与居住区规划的其他方面呼应，以公共服务设施用地为点或面，以各级道路为线，结合各级绿地布局，形成点线面相结合的景观格局。

2. 风格统一性

居住区景观环境特色与个性取决于居住区的整体风格，应与整体风格一致。工作程序上，在居住区规划设计之初即对居住区整体风格进行策划与构思，作为居住区景观规划设计的基础。景观设计必须呼应居住区设计整体风格，硬质景观要同软质景观相协调。不同居住区设计风格将产生不同的景观配置效果，现代风格的住宅适宜采用现代景观造园手法，地方风格的住宅则适宜采用具有地方特色和历史语言的造园思路和手法。

3. 资源共享性

景观设计时，应使每套住房都尽可能获得良好的景观环境效果。因此，景观设计中首先要强调居住小区环境资源的均衡和共享，应尽可能地利用现有的自然环境创造人工景观，让所有的住户能均匀享受优美的环境；其次要强化围合功能强、形态各异、环境要素丰富、安全安静的院落空间，达到归属领域良好的效果。

4. 绿化多维性

立体绿化包括屋顶绿化、墙面绿化、窗台绿化、棚架绿化等，是充分利用空间，以增加绿化覆盖率，改善居住环境的一种绿化方式。立体绿化不仅能增加居住区的绿量，软化建筑平直的线条，使建筑与绿地形成自然过渡，而且还能减少屋顶、墙面材料的热辐射，减少局部的热岛效应，改善居住小区的小气候环境。立体绿化在克服城市家庭绿化面积不足、改善环境、美化城市等方面有独特作用，是现代居住区景观设计的发展方向。

(三) 居住区景观的空间特点与类型

居住形态由于客观条件的不同，会产生很多差别，如国外与国内、城市与农村等。将中国城市的住宅区类型进行简单的分类和总结，通常可归为以下几种形态：街道型、院落型、绿地型。

图1-30 绿地型居住区

(1) 街道型居住形态呈线形布置，如传统的街巷，以商业街为纽带的多层公寓式住宅小区等。街道型居住形态因其线性的空间有利于住户之间的邻里交往，但是由于空间狭长，景观环境会显得单调，且不便组织集体行为。

(2) 院落型居住形态的建筑及构筑物呈围合式布置，如周边的街坊，小区院落结构，高层或小高层围合布局的住宅区等。院落式居住形态的空间属于内向型景观空间，围合感好，适于交往行为的发生，易促进邻里间的交往。

(3) 绿地型居住形态 (见图1-30) 重视生态环境的营造，小区中心绿地规模较大，或与会所、幼儿园等标志性建筑相结合，景观形象好，小区环境品质较高，适于交往行为的发生。

(四) 居住区规模的分级

居住区规模以人口规模和用地规划表述，其中又以人口规模为主要依据。现行国家标准《城市居住区规划设计规范》（GB 50180—1993）2016 年版按照居住户数或人口规模将居住区分为居住区、小区、组团三级（其中包括独立居住小区和独立居住组团等），各级标准控制规模详见表 1-1。

表 1-1　居住区规模分级

	居 住 区	小 区	组 团
户数 / 户	10 000 ~ 16 000	3 000 ~ 5 000	300 ~ 1 000
人口 / 人	30 000 ~ 50 000	10 000 ~ 15 000	1 000 ~ 3 000

居住小区指被城市道路或自然分界线所围合，并与居住人口规模（10 000 ~ 15 000 人）相对应，配建有一套能满足该区居民基本的物质与文化生活所需的公共服务设施的居住生活聚居地（本书阐述的居住区景观设计多指居住小区）。

居住组团一般指被小区道路分隔，并与居住人口规模（1 000 ~ 3 000 人）相对应，配建有居民所需的基层公共服务设施的居住生活聚居地。

四、道路景观

道路景观被称为城市景观系统中的"通道景观"，它是反映城市面貌和个性的重要因素，给人提供城市最直观的印象。无论是城市内的居民，还是外来的游客，都要通过道路来感知、领悟和熟悉城市。

（一）道路的概念

道路是指城市供车辆运输及行人通行的，具备一定技术条件的道路桥梁及其附属设施。道路一般包括机动车道、非机动车道、人行道、广场、停车场、隔离带、路边绿化带、沿路边沟、雨水口、地下管线构造物、地上各种架空构造物（包括跨河桥、立交桥、人行天桥等）、隧道、地下通道、路灯及道路交通安全与消防设施。

（二）道路的分类

根据道路在城市中所处的位置、地位、作用、交通功能与性质、交通量和速度等将城市道路分为：快速干道（快速路）、主干道（主干路）、次干道（次干路）、支路 4 种类型。

（1）快速干道：为城市远距离交通服务，容许较高的车速，有较强的通行能力。

（2）主干道：连接城市各主要组成部分和分区的干路，以交通功能为主，是城市道路的骨架。

（3）次干道：起到连通主干路、为主干路集散交通流的作用。次干道兼具服务功能，对主干道的功能进行补充和加强。

（4）支路：一般承担居住及工业小区主要对外通道功能，与城市主、次干道连通。

（三）道路景观的分类

道路景观可以分为道路自然景观、道路文化景观、道路交通景观、道路小品。

（1）道路自然景观，包括天然形成的山形、地势、江河、天空轮廓和树林绿化等。

（2）道路文化景观，指既包括临道路两边建筑所呈现的当地历史文化，也包括街头文化橱窗、报栏、电话亭、书亭、壁画、电视、招贴、广告等景观小品或文化载体。

（3）道路交通景观，指道路的路标、路引、护坡、天桥、红绿灯、岗亭、候车亭、加油站、售票亭、路障、隔离墩等。

（4）道路小品，指道路两边的座椅、石桌、时钟、饮水器、卫生洁具、垃圾桶、花池、雕塑、花架、景石等。

五、滨水景观

滨水区泛指毗邻河流、湖泊、海洋等水体的区域，城市滨水区是城市中一个特定的空间区域，指城市中与河流、湖泊、海洋毗邻的一定的区域的总称，一般由水域、水际线、陆域三部分组成。城市滨水区有着水、陆两大自然生态系统，并且这两大生态系统互相交叉影响，复合成一个水陆交汇的生态系统。

（一）滨水景观的特征

1. 自然生态性

滨水生态系统由自然、社会、经济三个层面叠合而成，自然生态性是城市滨水区最易为人们感知的特征。在城市滨水区，尽管人工不断介入和破坏，水域仍是城市中生态系统保持相对独立和完整的地段，其生态系统也较城市中其他地段更具自然性。

图 1-31　水街

2. 公共开放性

从城市的构成看，城市滨水区是构成城市公共开放空间的主要部分。滨水绿带、水街（见图 1-31）、广场、沙滩等，为人们提供了休闲、购物、散步、交谈的场所，滨水区已成为人们从事公共活动的重要区域。

3. 生态敏感性

滨水区作为不同生态系统的交汇地，具有较强的生态敏感性。滨水区自然生态的保护问题一直都是滨水区规划开发中首先要解决的问题，包括潮汐、湿地、动植物、水源、土壤等资源的保护。同时，滨水区作为市民的主要活动空间，与市民的日常生活密切相关，对城市生活也有较强的生态敏感性。

4. 文化性、历史性

城市滨水区不仅是人口汇集和物质集散、交流的场所，而且往往也是外来信息、文化和本地信息的交汇之处。

5. 多样性

（1）地貌组成的多样性。滨水环境景观由水域、陆域、水陆交汇三部分组成。

（2）空间分布的多样性。建筑、城市生态系统、陆生系统、水陆共生系统的多样性而表现出自然景观构成的丰富性。

（3）生态系统的多样性。由于滨水区是水生和陆生生态系统的交汇处，水生动植物、微生物和陆生动植物、微生物共存，因此物种多样，所组成的生态系统也较为复杂。

（二）滨水景观的类型

1. 按土地使用性质分类

滨水区可以分为滨水商业金融区、滨水行政办公区、滨水文化娱乐区、滨水住宅区、滨水工业仓储区、滨水港口码头区、滨水公园区、滨水风景名胜区、滨水自然湿地等。

2. 按空间形态分类

（1）带状狭长形滨水空间，如城市里的江、河、溪流等（见图 1-32）。

（2）面状开阔形滨水空间，如湖、海等。此种滨水空间一边朝向开阔的水域，往往更强调临水一边的景观效果。

（三）滨水景观的空间特点和类型

滨水带景观空间的特点是很显著的，涉及内容也多，不仅

图 1-32　溪流

有陆地上的，还有水里的，更有水陆交接地带的。野生动植物可以起到平衡日益扩张的大都市与自然的关系，并且使城市景观更加具有特色。滨水带设计的类型有：自然生态、防洪技术、城市空间和功能混合型这四种。自然生态型景观偏重于自然形态，堤岸处理一般是将草坡直接延伸到水面以维护生态环境为主要目的。尽量保留、创造生态湿地，以保证生物链的连续。防洪技术型的滨水带以防洪为主要功能，兼具休闲、娱乐的功能。堤岸处理往往是修筑人工堤岸，并具有一定的高度，以达到安全防洪的目的。城市空间型的滨水景观能够缓解城市空间的压力，可以处理得偏重于自然的形态。功能混合型的滨水带指综合考虑生态、防洪、城市空间等功能的滨水景观（见图1-33）。

除以上的功能分类外，滨水带的分类如果按照物质构造的不同，也可以分为软质景观和硬质景观。软质景观偏重于自然景观特征，如草坡、生态湿地等。硬质景观则带有比较多的人工痕迹，景观特征是筑有比较高的堤岸。例如澳大利亚悉尼大剧院（见图1-34）。

图1-33　滨水景观　　　　　　　　　　　　　　图1-34　澳大利亚悉尼大剧院

六、庭院景观

庭院是由建筑与墙围合而成，具有一定景象的室外空间。起初，庭院只由四周的墙垣界定，后来围合方式逐渐演变成以建筑、柱廊和墙垣等为界面，形成一个内向型和对外封闭对内开放的空间。

庭院由于受环境空间的限制，因此在设计上大都以浓缩的艺术手法和典雅、大气的风格为主，并具有较强使用功能和观赏作用的景观环境。

（一）庭院功能

1. 场所联络功能

庭院是人与自然交流的场所。人们在建筑内外引入自然生态因素，提供了一个休闲、娱乐、生活的理想场所，使人享受到围墙内空间自主的满足和生活的情趣，并在有限的院落空间中感受到了大自然的勃勃生机。

2. 生态调节功能

庭院相对独立的生态环境系统使院落内形成一个相对稳定的小气候环境。庭院与纵横的廊道交通构成了良好的空气循环系统。而水体、绿化等庭院要素的布局有助于改善庭院整体的生态环境质量，有调节气候、滋养生物的功能。在庭院内，生态循环所必需的阳光、空气、绿化和水等诸要素缺一不可，它们互为因果。

3. 景观意境功能

庭院景观通过运用不同材料、颜色、质感、形象，遵循统一和谐、连续、对比、平衡、韵律变化等美学规律，将自然界的四季、昼夜、光影与草木的枯荣、花果的长落、虫鸟的活动等组成一幅幅声色形的画卷，缩影到院落当中，使置身于其中的人感受到盎然生机，从而在心理上、审美上起到增添自然景观情趣和营造艺术意境的功能。

（二）庭院类型

1. 从功能使用的角度划分

（1）私家庭院。私家庭院主要以居住功能为主，建筑外围形成院落。由于世界各地气候、地理、文化习俗、生活方式不同，各地传统民居采用了各具特点的不同形式，但这些由地域差异造成的不同形式的庭院却都具有家族性、围合性、重礼制、私密性等共同特征，其中我国具代表性的私家庭院形态有北方四合院、安徽皖南天井式院落、云南"三坊一照壁"和岭南四合院等。而随着现代房地产业的发展，现代私家庭院主要是各类别墅的庭院。

（2）公共庭院。公共庭院主要用来进行公共活动。这类庭院具有明显的公共性质，传统的宫殿庭院、寺庙庭院以及书院庭院等；现代的有办公庭院、商业庭院等。

（3）游赏庭院。游赏庭院具有较强的观赏性和游玩功能，其空间组织较为灵活多变。它通常较为通透，往往借助墙廊本身要素辅助建筑围合庭院，其间也包括用植物、水体、山石等园林要素丰富景观造景。

2. 从与建筑关系的角度划分

（1）融合庭院，即建筑与庭院融为一体的庭院形式。这类庭院要求庭院的空间组织随着建筑空间序列的展开而同步展开，将两者的空间融合为一个整体，使得建筑空间更易融于所处的自然环境。

（2）核心庭院，是把庭院当作建筑空间的核心，相关建筑围绕庭院空间来展开的一种庭院形式。这类庭院也是人流分配的枢纽空间，具有宁静、内向和聚集的空间景观效果。

（3）空中庭院，是伴随着建筑工业化、现代化而产生的一种庭院形式。现代建筑的工业化生产、设计标准和系列化导致了建筑空间较为单调，并且带来了采光、通风等难题，由此现代建筑常采用抽空建筑中的局部空间，形成空中庭院。

3. 从围合方式的角度划分

（1）封闭围合式庭院，是指庭院空间四周均为建筑物或其他建筑实体围合而成，主要作为静态观赏之用（见图1-35）。

（2）通透围合式庭院。通透围合式庭院一般采用三合院形式，或在庭院的一侧或两侧采用支柱层、空廊、门洞、空花墙、矮墙及绿化、山石等要素围合。这类庭院既使观赏者能看到近景，又可使观赏者看到远处景色（见图1-36）。

图1-35　封闭围合式庭院

图1-36　通透围合式庭院

（3）松散围合式庭院。松散围合式庭院四周的建筑物和其他建筑实体呈松散状态和不规则状态。这类庭院常用于需要塑造自由、轻松氛围的建筑群中（见图1-37）。

4. 按样式划分

庭院按其样式可以分为：欧式庭院（美式、意式、法式、英式、德式、地中海式）、中式庭院、日式庭院和现代式庭院等类型。

（1）欧式庭院基本上可以说是规则式的古典庭院，它庄严雄伟，蕴含丰富的想象力。

（2）中式庭院有着浓郁的古典水墨山水画意境。其构图以曲线为主，讲究曲径通幽，忌讳一览无余，讲究风水的"聚气"。中式庭院由建筑、山水、花木共同组成，其中建筑以木质的亭台、廊、榭为主。

图1-37　松散围合式庭院

中式庭院以多样的形式表现水景的动态美，并将山石布置于水景边缘，山石与水搭配恰到好处，使整体变得和谐自然。中式庭院一般采用浓密的植物配置，运用季节的变化，栽种观叶、观花、观果的不同树种，达到四季有景可观、色彩多样的效果。

（3）日式庭院因日本的地理特征形成了其独特的自然景观——单纯和凝练。日式庭院把大自然的美和人工的美巧妙结合起来，把平凡的自然景观精心组织到庭院景观中，透过重重表象来挖掘和提炼自然的精髓。这样既满足了人们生活的需求，又延续了日本传统园林"枯山水"沉静、内敛的特质，是日本庭院景观的特征。日本庭院形成了筑山庭、枯山水庭和茶庭等主要类型。

（4）现代式庭院以简洁的线条、维护简便和易于养护的植物造景为特色，结合大胆的几何造型、光滑的质地、对比的色彩和材质来创造富有戏剧性和独特性的庭院景观。

第四节
景观设计学与相关学科的关系

景观设计学在国内还算是一门新兴的学科，一门在传统的建筑、城乡规划、风景园林、环境设计等学科的基础上形成和发展起来的新兴学科。同时，景观设计还是一门涉及面广，也比较错综复杂的边缘学科。

一、景观设计与建筑学

景观设计主要是解决土地及人类户外空间环境的问题，使人类生活环境美好，与自然和谐共生。现在许多建设项目毫不考虑与周围环境的关系，建筑完工之后，才让景观师"随便种种树、栽栽花"，这其实是缺乏整体景观概念的行为。建筑学专业的学生，大多局限于对建筑单体的设计，缺少对建筑内外环境的全局把握。故而，景观设计学是培养建筑学专业中的全局设计观、锻炼综合设计能力的必经之路。

二、景观设计与城乡规划

城乡规划主要解决如何合理地安排城乡土地及土地上的物质和空间，为人们创造一个高效、安全、健康、舒适、优美、经济的环境的科学和艺术，为社会创造一个可持续发展的整体城乡生态系统。城乡规划离不开环境与生态，对环境问题而言，重点考虑土壤、水体、大气、建筑物等与人最密切的元素；对生态问题而言，则需要把有生命的东西（如植物、动物等）考虑进去。城乡规划的核心就是景观生态的规划与设计。

三、景观设计与风景园林

在中国现代专业中，风景园林所涵盖的内容要比景观设计更广，包括造园，城市绿化规划设计，大地景观规划，园林绿化施工养护，以及园林植物繁殖、引种、育种等，甚至包括切花、盆花生产。景观设计只是风景园林专业的一个组成部分、一个重要的环节，不能替代风景园林。

四、景观设计与环境设计

环境设计专业是一门在艺术设计学科背景下快速发展起来的新兴学科，课程涵盖室内设计、景观设计、展示设计等各类环境空间设计。景观设计是学习室外环境设计的主要内容，而且同园林或城乡规划专业学习的景观设计不同。虽然景观设计是环境设计的组成部分，但是环境设计这部分的景观设计方向过于单一，大多具有对景观概论认知片面化、空间设计形式化、设计理念主观化等问题。环境设计专业人员大多反映出习惯于感性思维和自由发散式思维的特点，缺乏理性严谨的分析思路和意识。

本章小结

本章主要讲述景观设计的基础，介绍了景观的含义，景观设计如何演变而来，并且一步一步确立目前的定位，并对景观设计的作用做了全面的讲解。通过本章对景观的溯源，让读者可以通过时间的轴线了解国内、国外景观设计的发展历程，让读者对景观设计更感兴趣，并且能体会到景观设计是随着人类的进步慢慢发展起来的。同时，景观设计的基础也是我们研究一个时期的历史、文化、人类思想的重要依据之一。

本章还对景观设计目前的六种类型（公园景观、广场景观、居住区景观、道路景观、滨水景观、庭院景观）做了详细的介绍，让读者能更系统地了解目前生活中的景观。这对于系统的学习是十分重要的。

最后，本章通过介绍景观设计学与相关学科的关系，让读者了解景观设计是一门广阔、博大精深、每个方面都有所涉及的学科。

思考题

1. 景观设计具有怎样的双重属性？
2. 城市广场的基本类型有哪些？
3. 景观设计学与建筑学有什么样的关系？

第二章

景观设计的原则

JINGGUAN SHEJI DE YUANZE

第一节
自然协调的原则

规划设计城市景观时，要严格遵循以自然为主，不违背自然规律，要与自然发展协调一致；同时，还要以此为基础，从景观的比例、空间、结构、类型和数量上进行认真的研究和分析，通过对景观整体风格的规划，本着和谐、统一的原则进行设计。

联合国在人与生物圈计划中指出，生态城市的景观设计与规划要与自然生态和社会发展有机结合，保护与利用自然之美的生态优先原则理应成为景观设计的首选。要实现生态优先的景观设计原则，在景观设计中，应大力保护地方生态环境，充分利用自然界的光能、热能、风能；因地制宜，有效利用土地、自然资源，治理污染；保护地方自然生态，让人与自然和谐共生、可持续发展。

其次，在景观设计中应善待自然，善于借自然美景，应以自然景观资源为设计基础，切不可肆意设计，以人工取代天然；务必要根据当地的地理特征，对地貌与水体进行合理的改造与利用，尽可能保持原生状态的自然环境。

再次，协调人与环境之间的关系，在保护环境的前提下，改善人居环境，使景观生态文化和美学功能整体和谐，只有综合考虑，才有可能规划布局出功能合理、富有特色的城市空间景观。景观总体设计应力求自然和谐，强调可以自由活动的连续空间和动态视觉美感，避免盲目抄袭照搬现象的发生。

最后，要与自然协调，更重要的是创造出一个人类可以自由活动且融入自然环境的城市景观系统，以满足现代城市高水准的生活方式；要合理选择建筑装饰材料，提倡就地取材、因地制宜的绿色设计。营造健康良好的小城镇生态景观，切不可舍弃天然材质代之以瓷砖、不锈钢，将自然景观改造为人工草坪，将生长在山林的大树移进城镇，劳民伤财，破坏生态。

景观设计首先考虑自然生态环境的保护。每一块土地的价值是由其内在的自然属性所决定的，人的活动只能是认识这些价值或限制，并且去适应和利用它，只有适应了才有健康和舒适的自然生态环境。景观设计不仅要尊重自然的每一个因素，还要尊重自然景观的整体性，尊重自然的客观规律和独立价值，维持自然的生态平衡，这样才能满足人类可持续发展的需要。

第二节
以人为本的原则

景观设计要充分体现以人为本的原则，满足人们生产和生活的需要；充分考虑到居住人群的心理感受以及情感、心理和生理的需要。在景观设计中，特别是对公共设施的设计，要符合人性化特点，要按照不同年龄段的人的需要、行为和心理特点，充分考虑特殊人群对景观环境的特殊需要，对景观细化部分要严格把关，保证质量并落实在细部设施的设计中，使城市公共空间景观真正成为大众所喜爱的休闲场所。

人类在景观中的基本活动可以归纳为三种类型：必要性活动、选择性活动和社交性活动。

（1）必要性活动：人类因为生存的需求而必需的活动，如等候公共汽车上班或乘坐车辆上班，其特点就是基本上不受环境品质的影响。

（2）选择性活动：诸如散步、外出游玩等游憩类活动，其与环境质量有着密切的关系，人们习惯性地选择在美观洁净、使人比较轻松愉快的环境中进行休闲活动。

（3）社交性活动：公共集会，自发地或有组织地集中于某街道景观的节点或开阔地段进行观摩表演、举行聚会和活动等，其与环境品质的好坏也有很大的关系。

一、强调交往沟通

我国在以交通性为主的城市景观设计中，往往忽略了人的交往与可选择性，街景多数只考虑静态景观的空间形态，仅仅是多种植一些绿化和草坪而已。这样就造成街景与人的互动性不强，也少了些许人情味，显得景观与人仅仅是两个毫无联系的单体。

人的交往有亲密朋友、亲人间的近距离交往和路人之间目光的交流、中远距离交流的区分。比较狭小的空间适合于前者，相对开敞的空间适合于后者。所以，在设计中应该注意有意识地强化这一方面的内容，强调信息交往的空间差异，为人们提供更多的、可选择的休闲、观赏场所，突出群众使用功能将是城市景观设计追求的目标之一。

二、舒适性的心理需求

舒适性原则实质上是"以人为本"的关键，是景观环境设计中重要的原则之一。根据"需求层次"学说，人类不仅有生理需求，更有心理需求，尤其是在现代高楼林立的城市生活中，人们更渴望回归自然，以缓解生活和工作带来的精神压力。景观环境中良好的人工景观、轻松的绿色空间及多样的亲水方式，可以对为生存而奔波的人们起到缓解精神压力的作用。因此，在景观设计中，要充分发挥原有的自然优势，通过多种处理手法，运用环境要素的色彩、质感、形态等表达方式，实现人们对自然形、声、色、影等各方面的需求；要营造良好的环境，创造适宜动植物生存的栖息地，形成富有生活情趣和天然原生态的景观，把握符合人们要求的亲切尺度，给人舒适安逸的感受，以减小压力，实现人与自然的和谐统一，达到"天人合一"的审美状态。

三、人性设计

景观设计最重要的是能满足受众追寻愉悦的心理需求，特别是设施配件应该满足安全性、私密性和欣赏风景的要求。因此，在景观设计时，大到观景点、餐厅、购物场所的空间布局，小到台阶的高度、栏杆的设置，都必须坚持"以人为本"的理念。

人类户外的行为规律及其要求是景观规划设计的根本依据，一个景观规划设计的成败、水平的高低，归根结底要看它在多大程度上满足人类户外环境活动的需要，是否符合人类户外的行为需求。至于景观的艺术品位，对于面向大众群体的现代景观，个人的景观喜爱要让位于多数人的景观追求。所以，考虑大众的思想，兼顾人类共有的行为，群体优先，是现代城市景观设计的基本原则。

第三节
可持续发展的原则

一、可持续发展

可持续发展与城市设计可持续发展是人类21世纪的主题，世界环境与发展委员会（WECD）早在1987年就在其题为"我们共同的未来"的报告中提出了"可持续发展"的概念。

可持续发展有两层含义：一是强调发展是满足人的需要，是以提高人的生活质量为最高目标；二是它关注所有影响发展的因素（包括环境的、经济的以及社会的等几个方面的因素），并认识到这些因素虽有自己独立的一面，但在很多时候却互为因果，只片面发展某一部分是不可能有可持续性的。

景观规划的可持续性总是以创建宜人景观为中心。景观的宜人性可理解为比较适于人类生存、体现生态文明的人居环境，包括景观通达性、经济的可持续性、生态稳定性、环境清洁度、空间拥挤度、景观优美度等内容。景观的数量、密度、线路上的空间布局，以及单个旅游景观的体量、层次、规格应注意坚持一个适度原则。首先，考虑特色和效益，不能贪大求全，不能盲目追求"中国之最""世界之最"；其次，在景观设计时，应注意景观建设时序安排，优先安排核心景观，而后滚动开发建设；最后，景观设计应有一定的弹性，以适应经济发展、市场需求的变化。

景观设计是一项传承历史、发展自然、追求人和自然环境相统一的可持续性发展过程，发展要以保护环境和自然为基础，促进经济发展和资源保护相协调，深刻认识到自然景观和传统景观是不可再生资源。所以，在景观设计中，要充分考虑到这一点并对这两项资源进行合理的利用和保护，规范人类资源过度开发的行为，合理利用自然资源，减少或杜绝对生态环境的破坏，创造出既有历史延续性，又有自然特征，还兼有现代化的公共环境景观。实现景观资源的可持续利用是城市景观设计的一项重要任务和必须遵守的原则。

二、重视安全可行性

在进行景观设计时，应首先考虑项目实施的可行性，包括环境的可行性和技术的可行性。环境除了包括围绕人类生存长期发展形成的自然环境与空间范围以外，还包括政治和经济因素，尤其是大中型的生态环境景观营造，更是与当地的政治、经济发展水平密不可分。通常情况下，利用原有的生态景观营建景观，在很大程度上取决于其自然环境条件。原有景观环境经过长期的演化，已经形成了各组成要素之间具有相互依赖、相互作用关系的稳定的生态系统。

故在景观营建过程中，需要因地制宜，根据实际情况，利用现有的技术手段，将退化的景观与人为创造的景观相融合，最终成为自然景观的一部分，以实现自然系统的延续性；同时，景观在规划和建设时也要满足当地的政治、经济发展要求，满足社会发展需要，以此保证其营建的安全可行性。

现代科学技术的发展日新月异，新材料、新技术层出不穷，为景观环境的设计营造提供了更多的可能性。在景观环境的设计营造过程中，要注重新材料、新技术的应用，但也要遵循可行性原则，不能盲目采用，要科学选择，应将传统技术和现代技术有机结合、综合利用，打造符合自身地域风格特色的、可行的景观系统。

第四节
保护和发展文化景观的原则

一、发扬文化景观

文化景观包括社会风俗、民族文化特色、宗教娱乐活动、广告影视以及居民的行为规范和精神理念。通常，形象鲜明、个性突出、环境优美的小城镇景观需要有优越的地理条件和深厚的人文历史背景做依托。无论城镇景观设计从何种角度展开，它必定是在一定的文化背景与观念的驱使下完成的，这时我们要解决的是小城镇的文化景观（历史文脉）和景观要素的地域特色等方面的设计问题。

虽然我国城市发展突飞猛进，但许多文化景观遭到严重的破坏，景观风格趋同化使得具有民族和地方特色的公共空间日趋减少。在景观设计中传承和保存民族文化，延续民族特色，挖掘地方特色，提炼民族风情，增加区域内居民的文化凝聚力和提高景观的旅游价值都具有重要意义。

因此，成功的景观设计，其文化内涵和艺术风格应当体现鲜明的地域特色、民俗土风与宗教信仰。在景观设计中应尊重民俗土风，同时应注重保护小城镇传统人文景观特色。地方历史自然的人文景观是对小城镇历史文脉与乡土民俗文化的继承，是祖先留给我们的宝贵财富，景观设计时应当将现代文明融入其中，而不是试图改变原有生活内容，创造与环境和谐的新景观。

在园林景观设计中，可以将当地的文化因素应用于设计中，通过园林景观设计风格，充分地展现出当地的历史文化特点。由于每个城市的地理条件、气候条件以及人文环境都有很大的差异，这就需要充分地调查了解当地的政治、文化、历史、地理，然后根据因地制宜的原则，设计出符合当地民众需求的园林景观。

二、因地制宜

在景观设计的营造中，地域性原则应贯穿始终，这是因为不同地域的人，因生活环境的不同，对自然产生了不同的认知与思考。自然环境对人们的生活方式与行为法则有着较大影响，同时，自然环境的动态演变也会受到人为的作用，人们将不断地根据自身的文化理念对自然环境加以改造，进而形成具有地域性的生态环境景观特征，包括地域性的地方人文特征及自然因素。这就要求在景观设计过程中，不仅要整体把握地方文脉，还要充分了解当地的自然地理环境。

景观的设计均是在一定的地段进行，并且是对地段进行有目的的改变。这就需要从浅层和深层认识区域的特征。浅层的特征是地域自然综合体的生态自然完整特征，譬如植被、气候、土壤和地形之间的和谐，景观与周围自然景观的统一，建筑的布局与地形的统一等。深层的地段特征便是场所精神，是根植于场地自然特征之上的，时间、空间、人、自然、现实、历史在其上面纠缠在一起，往往保留有人的思想、感情。景观的设计应该尊重区域特色鲜明的传统和历史，并通过设施的设计传递给游客。如果当地没有自己特色的建筑风格，应顾及自然环境和中性化设计，而不是简单地引进其他地区的建筑风格。例如，山东蒙山旅游区沂蒙人家（见图2-1），大量采用了本地材料，参照本地传统建筑的草顶、灰砖、石墙进行建设，颇具特色。

例如，我国的传统小城镇、古村落，即使处于同一民族文化体系（见图2-2），它们建筑的构造、形态、审美在许多方面也保持一致，但是风水观念、地理气候环境、宗教信仰深刻地影响着造城观念和建筑形式，使得传统的小城镇景观能与地方环境紧密结合，呈现出风格迥异的乡土特色和地域特色。

图2-1　沂蒙人家

图2-2　安徽宏村

三、注重历史文脉的原则

城市景观的形成既有其现实意义，同时也包含其深远的历史内涵，除了少数开发区或"人造城市"不具有某种自然环境或历史意义之外，一般景观的形成都与其历史文脉是分不开的，城市景观中的那些具有历史意义的场所总会给人们留下深刻的印象。那些具有历史意义场所中的建筑形式、空间尺度、色彩、符号及生活方式等，都容易引起市民的共鸣，能唤起市民对过去的回忆，产生文化认同感。

图2-3　磁器口古街

例如，古街古巷是一种不可再生的传统及地域特色景观资源，在景观设计中，应对某些历史地段、古街古巷实施历史景观保护性设计，在设计时维持现存历史风貌，确保其久远性、真实性的历史价值，从而体现其独特的历史人文景观与地域特色（见图2-3）。

四、符合视觉美学的原则

人类具有审美的心理需要。人类的审美意识主要源于对大自然的崇拜。这种审美心理通过人类无意识的一代代传承下来，不同文化、不同时代有着不同的体现。人类对美的需求则是人在精神上寻求自我实现的需要，并体现在人类社会生活的各个方面。美可以通过各种艺术形式展现出来，艺术性更能体现人们的审美意识和审美心理水平，使人们的精神文化生活更加丰富和充实，因此，在景观设计时必须坚持美学原则。例如，在设计人工湿地景观系统时，要在不破坏自然生态环境和人文环境、促进湿地生态系统可持续发展的基础上，巧妙地运用各种景观艺术表现手段和现代科学技术方法，将人工的艺术创造与天然的鬼斧神工完美融合，构建美学与生态兼顾、人类活动与自然环境完美结合的人工湿地景观系统，形成具有吸引力、回归自然、亲水可游的环境场所，使其充满大自然的灵韵，具有高质量的艺术水准，淋漓尽致地展现其自然美、生态美和艺术美，充分实现人工湿地景观系统的美学价值。

五、把握全局统一性原则

景观设计的整体性原则，体现在广义和狭义两个层面上。在广义层面上，组成某一事物的任何要素皆非独立的个体，均相互联系，存在于一个整体环境体系中。同样，景观也不例外，在设计中要遵循整体性原则，从整体环境系统出发，进行全面的统一规划；要充分了解原有场地以及该地区生态系统所在大环境的特点，因地制宜，综合考虑实施目标和各种影响因素，科学合理地规划设计好与周边城镇发展、居民生活、工农业生产和自然生态环境的功能带衔接，以达到大环境整体的平衡和协调。从狭义层面来说，人工景观系统本身也是一个由生物群落和无机环境组成的生态系统，各组成要素相互联系、相互制约、合理有序地构成一个统一完整的有机整体。

要想把握全局统一性原则，就要求在景观设计营造时在确保宏观上与其整体大环境和谐统一的基础上，把握自身景观生态系统的完整有序；要充分利用原有的生物资源、水文条件、地形地貌等，通过适度的感官刺激、形式美感的表达、时空的连续性、明确的功能指示，设计供社会行为和个人行为活动的场所空间，使景观各组成要素在动态发展过程中达到自身的统一协调。

六、保留独特的个性原则

城市景观设计应突出城市自身的形象特征，每个城市都有不同的历史背景、地形和气候，城市居民有不同的观念、生活习惯，城市的整体形象建设应充分体现城市的这种个性。尤其在今天信息化的时代，信息传递的速度使适应现代潮流的大城市中心和一般城市中心之间的时空距离缩短了，城市建设模仿性、抄袭普遍存在，因而全国各地一些现代城市和城镇正在失去自身的个性，有一种城市建设同化的趋势。

在城市景观设计中，为了强调城市的个性，要对城市景观的小环境的共性加以强化，使城市中的各个景观有着共同的地域、共同的文化，使人们拥有共同的行为习惯和行为准则，因为有了这些共性的东西才能形成城市的整体特征，才能使城市成为区别于其他城市的个性特征。这就要求我们在创造城市景观的整体环境过程中，要更多地考虑变化中的统一，特别是在对景观中的小品，如栏杆、座椅、垃圾桶、广告牌以及铺地方式、色调等加以处理时，要与周围建筑物、绿化、色彩、历史、文化等统一协调，避免将一个完整的景观变成各个片段的堆砌和拼凑。

现代城市都有自己的个性与特色，除地域等自然因素形成的城市特色外，设计师们一直在营造新的城市个性，为城市赋予新的内涵。如大连、珠海等滨海城市，这些城市的新兴海洋经济旅游城市个性让人们赏心悦目。

城市景观可以反映城市特有的历史特色、面貌风采和文化内涵，展现出城市的气质和个性，体现出市民的精神素质和独特的地域特性，同时还显示出城市的经济实力、商业的繁荣、文化和科技事业的综合水平，所以，城市景观作为一个城市形象最有力、最精彩的概括，在规划设计与建设中尤其要注重个性化的原则。

本章小结

现代社会，不同文化之间的交流越来越频繁，并有逐渐融合成一种现代文化的趋势。在这种融合过程中，技术层面的因素一度占据了主导地位。西方发达国家技术先进，在现代景观设计领域中具有一定的优势。社会发展的飞速进程与传统艺术观念的缓慢积淀形成了对比，中国的景观设计要在既不失去对传统文化与艺术的继承之上，又从技术层面切入当代景观设计领域，利用新技术、新观念、新形式使景观设计在尊重场所精神和可持续发展的原则下表现新的时代特色。

综上所述，景观设计作为一个系统，具有整体性、有机性和复杂性。它重视的是人的内在生活体验，包含了人与社会、人与自然、结构与功能、格局与过程之间的复杂联系，因此，景观设计有着非常广泛而深刻的内涵。

景观设计时，要从地域特色、历史文脉与生态建设、文化景观建设方面入手，在自然生态中寻求美，在人工环境中体现自然美，融入地方历史人文景观中，营造和谐优美的景观形象和宜人的人居环境，使景观向着各具特色、生态和谐与可持续的方向健康发展。

思考题

1. 人类在景观中的基本活动可以归纳为哪三种类型？请分别指出。

2. 可持续发展的含义是什么？

3. 分别指出景观设计的整体性原则在广义和狭义两个层面上的体现。

第三章

景观设计的表现形式

JINGGUAN SHEJI DE BIAOXIAN XINGSHI

工程制图是景观设计必须掌握的基本语言和基本技能。学习工程制图不仅应掌握常用制图工具的使用方法，以保证制图的质量和作图的效率，还必须遵循有关的制图规范，以保证景观设计图纸的规范化。工程制图标准通常多沿用国家颁布的建筑制图中的有关标准，如《房屋建筑制图统一标准》（GB/T 50001—2010）作为制图的依据。

为了便于景观的生产、经营、管理和技术交流，景观设计图纸必须在图样中用统一的标准，如画法、图线、字体、尺寸标注、采用的符号等。本节将着重介绍关于园林建设工程图纸绘制过程中的有关标准及规范。

第一节

制图规范

本节主要结合景观设计的特点，介绍《房屋建筑制图统一标准》中的有关规定。我们在景观设计工程图纸的绘制过程中，必须遵守国家统一标准。

一、图纸幅面、标题栏、会签栏

（一）图纸幅面的尺寸和规格

景观制图采用国际通用的 A 系列幅面规格的图纸。A0 幅面的图纸称为零号图纸，A1 幅面的图纸称为一号图纸，依次类推。图纸幅面的规格如表 3-1 所示。从表 3-1 中可以看出，各号图纸的尺寸关系是沿上一号幅面的长边对裁，即为下一号幅面的大小，对裁时去掉小数点后面的数字。绘制图样时，图纸的幅面和图框尺寸必须符合表 3-1 的规定。

表 3-1　基本图幅尺寸　　　　　　　　　　　　　　　　　　　　　　　　单位：mm

尺寸代号	幅面代号				
	A0	A1	A2	A3	A4
$b \times l$	841×1189	594×841	420×594	297×420	210×297
e	20			10	
c	10			5	
a	25				

当图的长度超过图幅长度或内容较多时，图纸需要加长。图纸的加长量应为原图纸长边的 1/8 的倍数，仅 A0 ~ A3 号图纸可加长，且必须延长图纸的长边。图纸长边加长后的尺寸如表 3-2 所示。

表 3-2　图纸长边加长后尺寸　　　　　　　　　　　　　　　　　　　　　单位：mm

幅面	长边尺寸	长边加长后尺寸
A0	1189	1486、1635、1783、1932、2080、2230、2378
A1	841	1051、1261、1471、1682、1892、2102
A2	594	743、891、1041、1189、1338、1486、1635、1783、1932、2080
A3	420	630、841、1051、1261、1471、1682、1892

注：有特殊需要的图纸，可采用 $b \times l$ 为 841 mm×891 mm 与 1189 mm×1261 mm 的幅面。

图纸分横式和竖式两种，每种又分留装订边框和不留装订边框两种格式。以短边作为垂直边称为横式图纸，以短边作为水平边称为竖式，如图 3-1（a）、图 3-1（b）所示为留装订边框的图纸幅面规格，图 3-1（c）、图 3-1（d）所示为不留装订边框的图纸幅面规格。一般 A0～A3 图纸宜横式使用，必要时，也可竖式使用。A0、A1 图纸图框线的线宽为 1.4 mm，A2、A3、A4 图纸图框线的线宽为 1.0 mm。

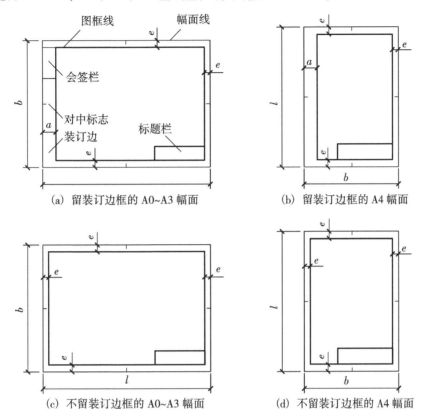

图 3-1　图纸幅面规格

需要微缩复制的图纸，其一边上应附有一段准确的米制尺度，四边上均应附有对中标志。

为了便于图纸管理和交流，通常一项工程的设计图纸应以一种规格的幅面为主，除用作目录和表格的 A4 号图纸之外，不宜超过两种，以免幅面参差不齐，不便管理。

（二）标题栏、会签栏

图纸标题栏简称图标，用来简要地说明图纸的内容。各种幅面的图纸不论是竖放还是横放，均应在图框内画出标题栏。

标题栏中应包括设计单位名称、工程项目名称、设计者、审核者、描图员、图名、比例、日期和图纸编号等内容。除竖式 A4 图幅标题栏位于图的下方外，其余图符标题栏均位于图的右下角。标题栏的尺寸应符合《房屋建筑制图统一标准》的规范规定，长边为 180 mm，短边为 30 mm、40 mm 或 50 mm。目前，景观设计行业较常用的标题栏格式如图 3-2 所示。

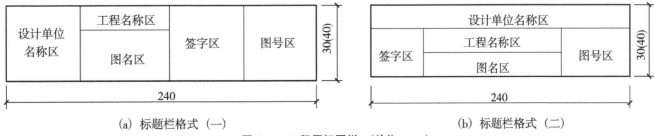

图 3-2　工程用标题栏　（单位：mm）

对方单位			设计单位			10
负责				比例		10
审核		图名		图别		10
设计				图号		10
制图				日期		10
20	30	80		20	30	

(c) 标题栏格式（三）

续图 3-2

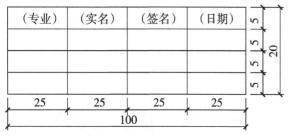

（专业）	（实名）	（签名）	（日期）	5
				5
				5
				5
25	25	25	25	
100				

图 3-3 会签栏（单位：mm）

需要会签的图纸应设会签栏，其尺寸应为 100 mm×20 mm，栏内应包含会签人员所代表的专业、姓名和日期。如图 3-3 所示，许多单位为使图纸标准化，减少制图工作量，已将图框、标题栏和会签栏等印在图纸上。一个会签栏不够时，可另加一个，且两个会签栏应并列，不需要会签的图纸可不设会签栏。

在绘制图框、标题栏和会签栏时，还要考虑线条的宽度等级。图框线、标题栏外框线、标题栏和会签栏分格线应分别采用粗实线、中粗实线和细实线，图框、标题栏和会签栏中各线条线宽的规定如表 3-3 所示。

表 3-3 图框、标题栏和会签栏的线条等级 单位：mm

图 幅	图 框 线	标题栏外框线	栏内分格线
A0、A1	1.4	0.7	0.35
A2、A3、A4	1.0	0.7	0.35

二、图线

（一）图线的种类

绘制景观工程建设图纸时，为了表示图中的不同内容，并能分清主次，必须使用不同线型和不同粗细的图线。工程图的图线线型有实线、虚线、点画线、折断线、波浪线等，随用途的不同而反映在图线的粗细关系上（见表 3-4）。

表 3-4 线型

项 目	线 型	线 宽	用 途
粗实线	———	b	1. 建筑立面图或室内立面图的外轮廓线； 2. 平、剖面图中被剖切的主要建筑构造(包括构配件)的轮廓线； 3. 建筑构造详图中被剖切的主要部分的轮廓线； 4. 建筑构配件详图中的外轮廓线； 5. 平、立、剖面图的剖切符号

项　目	线　型	线　宽	用　途
中实线	——————	0.5b	1. 平、剖面图中被剖切的次要建筑构造(包括构配件)的轮廓线； 2. 建筑平、立、剖面图中建筑构配件的轮廓线； 3. 建筑构造详图及建筑构配件详图中一般轮廓线
细实线	——————	0.25b	尺寸线、尺寸界线、图例线、索引符号、标高符号、详图材料做法引出线等
中虚线	- - - - - -	0.5b	1. 建筑构造及建筑构配件不可见轮廓线； 2. 平面图中的起重机(吊车)轮廓线； 3. 拟扩建的建筑物轮廓线
细虚线	- - - - - -	0.25b	图例线、小于 0.5b 的不可见轮廓线
细单点长画线	—— · ——	0.25b	中心线、对称线、定位轴线
粗单点长画线	—— · ——	0.5b	起重机(吊车)轨道线
细双点长画线	—— ·· ——	0.25b	假想轮廓线、成型前原始轮廓线
粗双点长画线	—— ·· ——	0.5b	预应力钢筋线
折断线	——／\——	0.25b	不需画全的折断界线
波浪线	∿∿∿	0.25b	不需画全的断开界线、构造层次的断界线

图线的宽度应根据图的复杂程度及比例大小，从规定线宽系列 0.18 mm、0.25 mm、0.35 mm、0.5 mm、0.7 mm、1.0 mm、1.4 mm、2.0 mm 中选取。

施工图一般使用三种线宽，且互成一定比例，即粗线、中粗线、细线的比例为 b : $0.5b$: $0.35b$。当选定了粗实线的宽度 b，则中粗线及细线的宽度也就随之确定（见表 3-5）。绘制较简单的或比例较小的图，可只用两种线宽，即不用中粗线。在同一张图样上按同一比例或不同比例所绘的各种图形，同类图线的粗细应基本保持一致，虚线、单点长画线及双点长画线的线段长短和间距大小也应大致相等。

表 3-5　线宽组　　　　　　　　　　　　　　　　　　　　　　单位：mm

b	0.35	0.5	0.7	1.0	1.4	2.0
$0.5b$	0.18	0.25	0.35	0.5	0.7	2.0
$0.35b$	0.12	0.18	0.25	0.35	0.5	0.7

画图时，应注意单点长画线或双点长画线中的点是长约 1 mm 的一条极短的画线，不必特意画成圆点，且线的首末两端应该是线段不得为点。线段长短和间距靠目测控制。

(二) 图线交接的画法

(1) 接头应准确，不可偏离或超出。

(2) 两虚线相交或相接时，应以两虚线的短画相交或相接。

(3) 虚线与实线相交或相接时，虚线的短画应与实线相接或相交；虚线是实线的延长时，相接处应留空隙，如图 3-4 所示。

(4) 点画线与点画线或与其他图线相交或相接，应与点画线的线段相交或相接。

(5) 画圆的中心线时，圆心是点画线的交点，两端应超出圆弧 2~3 mm，末端不应是点。图形较小，画点画线有困难，可以用细实线代替，如图 3-5 所示。

(6) 在同一图中，性质相同的虚线或点画线，其线段长度及其间隔应大致相等。线段的长度和间隔的大小，将视所画虚线或点画线的总长和粗细而定。

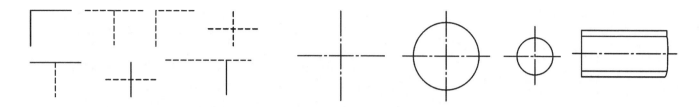

图3-4　实线、虚线交接画法举例　　　　　　　　　　图3-5　点画线、断开线画法举例

（7）折断线应通过被折断的全部并超出 2~3 mm。折断线间的符号和波浪线都应徒手画出。

（三）各景观要素绘制的线型要求

（1）地形等高线用细实线绘制，原地形等高线用细虚线绘制。

（2）大比例图中，剖面图用粗实线画出断面轮廓，用中实线画出其他可见轮廓；屋顶平面图中，用粗实线画出外轮廓，用细实线画出花坛、花架等建筑小品的投影轮廓。小比例图中，只需用粗实线画出水平投影外轮廓线。

（3）水体一般用两条线表示，外面的一条表示水体边界线（即驳岸线），运用特粗实线绘制；里面的一条表示水面，用细实线绘制。

（4）山石采用其水平投影轮廓线概括表示，用粗实线绘出边缘轮廓，用细实线概括绘出波纹。

（5）园路用细实线画出。

三、比例

图形与实物相对的线性尺寸之比称为比例。比例的大小是指比值的大小，如 1:50 大于 1:100。比例宜注写在图名的右侧，字的基准线应取平，比例的字高宜比图名的字高小一号或二号（见图3-6）。

图3-6　比例的注写

绘图所用的比例应根据图样的用途与被绘对象的复杂程度从表3-6中选用，并优先选用表中常用比例。一般情况下，一个图样应选用一种比例。根据专业制图需要，同一图样可选用两种比例。特殊情况下也可自选比例，这时除应注出绘图比例外，还必须在适当位置绘制出相应的比例尺。

表3-6　绘图常用的比例

详　图	1:2　1:3　1:4　1:5　1:10　1:20　1:30　1:40　1:50
道路绿化图	1:50　1:100　1:150　1:200　1:250　1:300
小游园规划图	1:50　1:100　1:150　1:200　1:250　1:300
居住区绿化图	1:100　1:200　1:300　1:400　1:500　1:1 000
公园规划图	1:500　1:1 000　1:2 000

四、尺寸标注

景观施工的依据是景观设计图纸上完整、正确的尺寸。图样只能反映物体的形状，如果尺寸标注有错、不完整或不合理，将会给施工带来困难。

（一）尺寸的组成

图样上标注的尺寸由尺寸线、尺寸界线、尺寸起止符号和尺寸数字组成，如图3-7所示。

1. 尺寸线

（1）尺寸线由细实线单独画出，不能用其他图线代替，也不能画在其他图线的延长线上。

（2）线性尺寸的尺寸线应与所标注的线段平行，与轮廓线的间距不宜小于10mm，互相平行的两尺寸线间距一般为7~10mm。同一张图纸或同一图形上的这种间距大小应当一致。

（3）尺寸线一般画在轮廓线之外，小尺寸在内，大尺寸在外。

（4）尺寸线不宜超过尺寸界线，如图3-8所示。

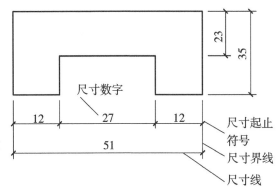

图3-7 尺寸组成要素（单位：mm）

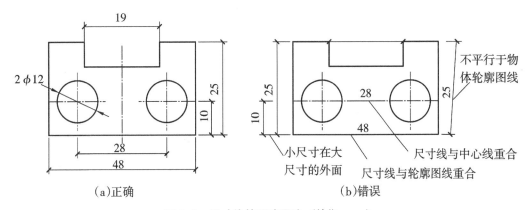

（a）正确 　　　　　（b）错误

图3-8 尺寸线的正确画法（单位：mm）

2. 尺寸界线

（1）尺寸界线用细实线从图形轮廓线、中心线或轴线引出，不宜与轮廓线相接，应留出不小于2mm的间距。当连续标注尺寸时，中间的尺寸界线可以画得较短，如图3-9所示。

（2）一般情况下，线性尺寸界线应垂直于尺寸线，并超出约2mm。

（3）允许用轮廓线、中心线作为尺寸界线。

3. 尺寸起止符号

（1）尺寸起止点应画出尺寸起止符号。一般用45°倾斜的细短线（或中粗短线），其方向为尺寸线逆时针转45°，长度为粗实线宽度（b）的5倍，宜为2~3mm。

（2）标注半径、直径、角度、弧长等，起止符号用箭头，箭头画法如图3-10所示。

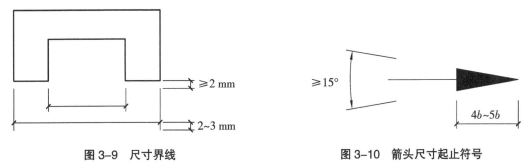

图3-9 尺寸界线　　　　　　　　　图3-10 箭头尺寸起止符号

（4）当相邻尺寸界限间隔都很小时，尺寸起止符号可用涂黑的小圆点。

4. 尺寸数字

（1）工程图上标注的尺寸数字是物体的实际大小，与绘图所用的比例无关。

（2）工程图中的尺寸单位，除总平面图以米为单位外，其他图样的尺寸单位，一般以毫米为单位，并不标注单位名称。

（3）注写尺寸数字的读数方向应从左方读数的方向来注写尺寸数字。

（4）任何图线不得交叉尺寸数字，当不可避免时，图线必须断开。

（5）尺寸数字应尽量注写在尺寸线的上方中部。当尺寸界线间距较小时，则可把最外边的尺寸数字注写在尺寸界线的外侧。对于中间的这种尺寸数字，可把相邻的尺寸数字错开注写，必要时也可引出标注，如图3-11所示。

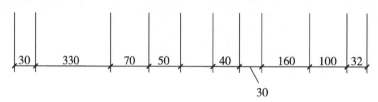

图3-11 尺寸数字的注写位置（单位：mm）

（二）常用的尺寸标注

1. 半径、直径、球的尺寸标注

半径尺寸线应一端从圆心开始，另一端画箭头指向圆弧，半径数字前应加注半径符号"*R*"。尺寸线必须从圆心画起或对准圆心。沿半径尺寸线注写尺寸数字，当图形较小时，也可引出注写；对于较大的圆弧，应对准圆心画断开的或折线状的尺寸线，如图3-12所示。

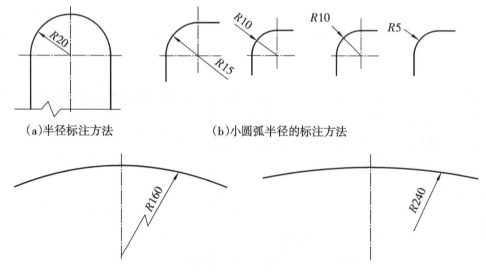

（a）半径标注方法　　　　　（b）小圆弧半径的标注方法

（c）大圆弧半径的标注方法

图3-12 半径的标注方法（单位：mm）

标注圆的直径尺寸时，直径数字前应加符号"ϕ"。圆内标注的直径尺寸线应通过圆心两端画箭头指至圆弧。沿直径尺寸线注写尺寸数字，当图形较小时，也可以引出注写。如图3-13所示。

标注球半径尺寸时，应在尺寸数字前加注符号"*SR*"；标注球的直径尺寸时，应在尺寸数字前加注符号"*S*ϕ"。如图3-14所示。

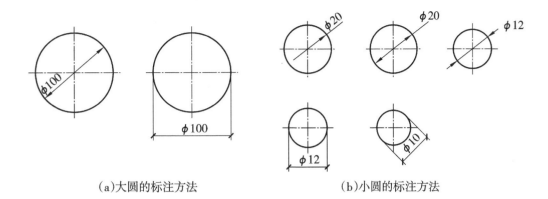

（a）大圆的标注方法　　　　　　　（b）小圆的标注方法

图 3-13　圆的直径标注方法（单位：mm）

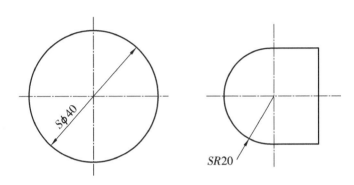

图 3-14　球的直径、半径标注方法（单位：mm）

2. 角度、弧长、弦长的标注

角度的尺寸线应以圆弧表示。该圆弧的圆心应是该角的顶点，角的两条边为尺寸界线。尺寸起止符号应以箭头表示，如没有足够的位置画箭头，可用圆点代替，角度数字应按水平方向注写，如图 3-15 所示。

标注圆弧的弧长时，尺寸线应与该同心弧线平行表示，尺寸界线应垂直于该圆弧的弦，尺寸起止符号用箭头表示，弧长数字上方应加注圆弧符号"⌒"，如图 3-16 所示。

标注圆弧的弦长时，尺寸线应以平行于该弦的直线表示，尺寸界线应垂直于该弦，尺寸起止符号用中粗斜短线表示，如图 3-17 所示。

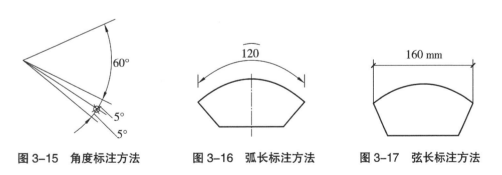

图 3-15　角度标注方法　　图 3-16　弧长标注方法　　图 3-17　弦长标注方法

3. 标高标注

标高是标注建筑物高度的一种尺寸形式。以标准水平面为零点计算的标高称为绝对标高，把建筑物底层地面定为零点所计算的标高称为相对标高，相对标高的零点记为 ±0.000 m，并在工程总说明中说明相对标高和绝对标高的关系。

标高的单位为 m，一般注写到小数点后两位或三位。负数标高前必须加注"－"号，正数前不写"＋"号。

标高数字注写在标高符号的横线之上或之下，标高符号为细实线画出的等腰直角三角形。平面图中的标高符号无短横线，室外整坪标高符号为"▼"，数字注写在右上方或右面。同一张图纸上，标高符号应大小相同，对正画出，如图3-19所示。

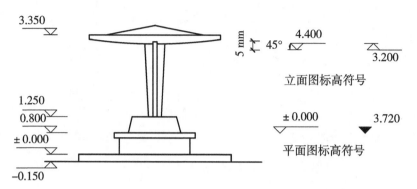

立面图标高符号

平面图标高符号

图 3-19　标高的标注方法（单位：m）

（三）坡度标注

坡度常用百分数、比例或比值表示，其大小为

坡度 = 两点间的高差 / 两点间的水平距离

坡向采用指向下坡方向的箭头表示，坡度百分数或比例数字应标注在箭头的短线上。用比值标注坡度时，常用倒三角形标注符号，铅垂边的数字常定为1，水平边上标注比值数字，如图3-20所示。

（四）非圆曲线相连续等间距的尺寸注法

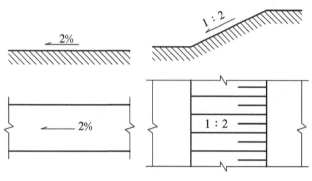

图 3-20　坡度的标注方法

对于非圆曲线，可以采取坐标的形式来标注曲线某些点的有关尺寸。当标注曲线上点的坐标时，可将尺寸线的延长线作为尺寸界线，若45°倾斜短线不清晰，可画箭头为尺寸起止符号。复杂的曲线图形也可用网格形式标注尺寸，如图3-21所示。

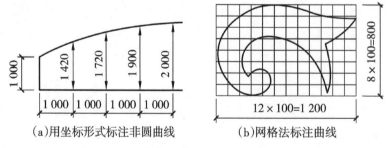

（a）用坐标形式标注非圆曲线　　　（b）网格法标注曲线

图 3-21　非圆曲线的标注方法（单位：mm）

（五）多层结构的标注方法

多层结构用指引线引出标注表示各层的名称和厚度的方式，常用于景观工程中的结构示意图中。指引线是细实线，应通过并垂直于被引的各层，文字说明的顺序应与结构层次一致，如图3-22所示。如层次为横向排列，则由上至下的说明顺序应与由左至右的层次相互一致。

（六）指北针与风玫瑰图

指北针宜用细实线绘制，其形状如图3-23所示，圆的直径宜为24 mm，指针尾部的宽度宜为3 mm。需用

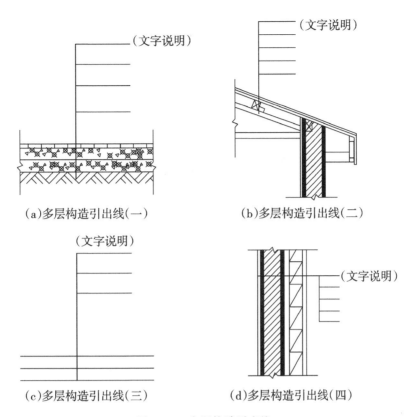

（a）多层构造引出线（一）　　（b）多层构造引出线（二）

（c）多层构造引出线（三）　　（d）多层构造引出线（四）

图 3-22　多层构造引出线

较大直径绘制指北针时，指针尾部宽度宜为直径的 1/8。

　　风玫瑰图是指根据某一地区气象台观测的风气象资料绘制出的角图形，如图 3-23 所示。风玫瑰图分为风向玫瑰图和风速玫瑰图两种，一般多用风向玫瑰图。

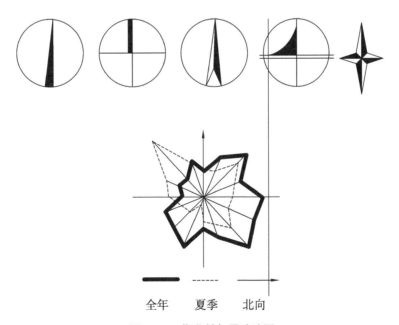

全年　　夏季　　北向

图 3-23　指北针与风玫瑰图

　　风向玫瑰图表示风向和风向频率。风向频率是在一定时间内各种风向出现的次数占所有观察次数的百分比。根据各方向风的出现频率，以相应的比例长度，按风向中心吹，描在用 8 个或 16 个方位所表示的图上，然后将各相邻方向的端点用直线连接起来，绘成一个形式宛如玫瑰的闭合折线，就是风玫瑰图。图 3-23 中线段最长者即为当地主导风向。粗实线表示全年风频情况，虚线表示夏季风频情况。

第二节
概念设计的草图分析图解

图 3-24 所示为平面景观铺装草图到深化的图纸，图纸右侧为草图，图纸左侧为最终成果。在绘制草图时，需要标注尺寸、装饰材料、标高，以便让施工方读懂设计图纸。

图 3-25 所示为景观墙的立面草图，作图时应先在旁边简单勾勒出想法，再开始画正式稿，作图中应注意标高和尺寸的大小。

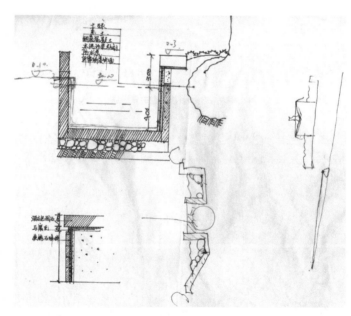

图 3-24　学生作业 1（曾航）

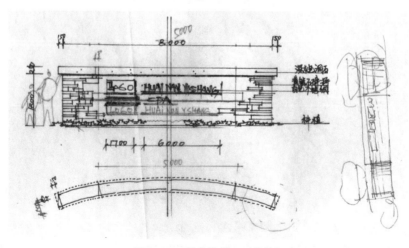

图 3-25　学生作业 2（曾航）

图 3-26、图 3-27 和图 3-28 所示为入口广场的总平面图，图中要表现出植物的排列组合形式和铺装效果。

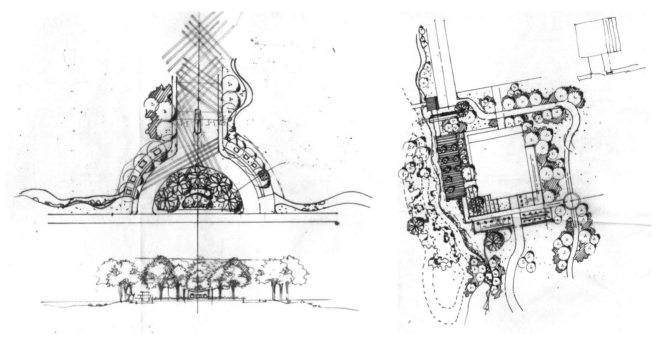

图 3-26　学生作业 3（曾航）　　　　　　　　　　　图 3-27　学生作业 4（曾航）

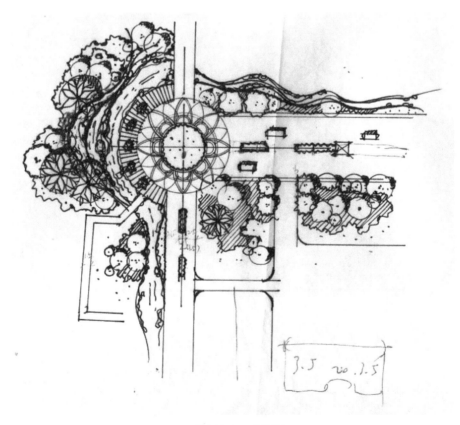

图 3-28　学生作业 5（曾航）

　　图 3-29、图 3-30 和图 3-31 所示为立面草图的画法，需要先在图纸上面画好平面图，然后用平面图等比例画出立面图，这样可以让人更加直观地看懂图中所表达的想法。

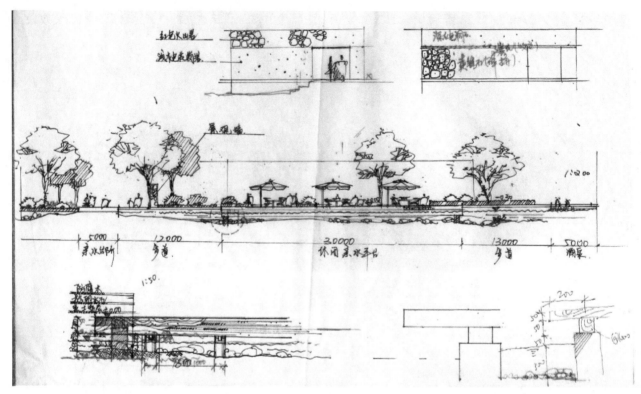

图 3-29　学生作业 6（柯梦）

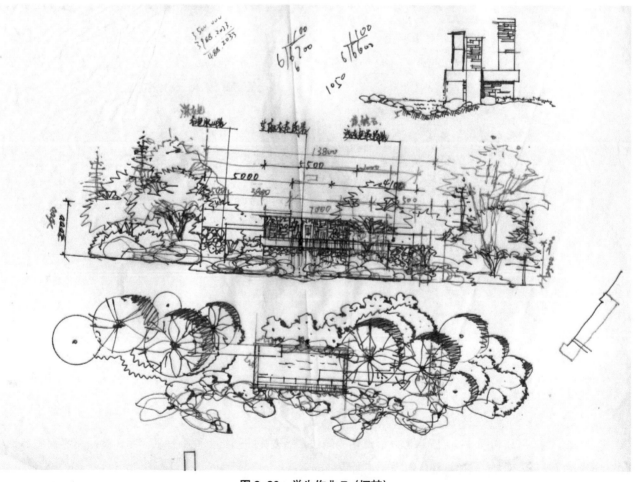

图 3-30　学生作业 7（柯梦）

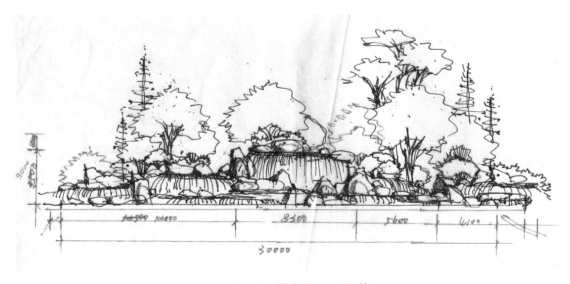

图 3-31　学生作业 8（柯梦）

第三节
设计方案表达

一、平面图绘制

平面图是景观设计发展阶段最常用的表现手段。当进行平面配置时，平面图可以很容易表达和说明物体与空间之间的水平关系。景观各元素间的尺寸关系可以用平面图的形式精确地表达出来，整体规划和局部各区域的关系以及对于各功能的处理，基本上可以一目了然（见图 3-32）。

从平面图中可以看成是从单一的空中视点再现景观，凡是场地上可以看见的东西都需要在平面图中表现出来。它就像一副小型地图，我们所给的图案代表了我们所设计的东西和场地的自然表征，如图 3-33 所示。

在作平面图时，一定要注意比例问题，全图要保持一致比例，避免给读图者造成混乱的感觉。

二、剖、立面图绘制

立面图是一种常用的绘图手段，它可以使设计具体化。当与平面图一起来研究推敲时，可以使想法在纸上得到不断的检验，使设计更加合理、细致。立面图显示了建筑物的外观与其他景观要素的关系，而剖面图也是显示景观的形式与地平面关系的工具。可以把剖面图看成是用一把大刀垂直地切开平面及地形，这样剖面图就展现出了地形的构造，以及建筑物的内部和外部结构等，较之立面图能够更加充分深入地说明建筑与风景的关系。实际上，当剖面线前方的元素也被按比例画出来时，剖面图和立面图就合二为一了，这种图可称为剖立面图（见图 3-34）。

图 3-32　花园平面图

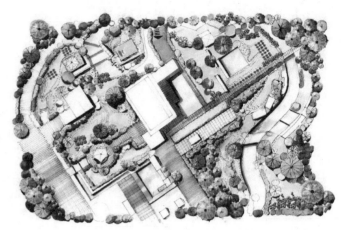

图 3-33　植物配置平面图

图 3-34　剖立面图

三、景观轴测图

景观平面图和剖立面图都属于正投影图，虽然作图简便，能够准确表达出建筑物和景物的形状、大小和比例，但是缺乏立体感、不易读懂。而轴测图可以三维显示景物，可以同时反映出物体的长、宽、高和不平行于投影方向的平面，因此具有较好的立体感，也可以让业主很容易就看懂设计的样式及意图，如图 3-35、图 3-36 所示。

在轴测图中，一切东西都是真实尺寸按比例画出的，不存在消失点和地平线。轴测图酷似鸟瞰图，视点来自上方，将平面图、立面图及剖面图合在一起。由于三方面显示，因此对角线和曲线会变形，显得倾斜，但它仍然是建筑师最爱用的表达方法之一。

绘制轴测图时，首先将景观平面图以某一角度放置，如常用的 15°、30°、45° 和 60° 等；然后考虑能够较全面地体现设计的最佳角度，按比例画出垂直线，显示各种景观要素。

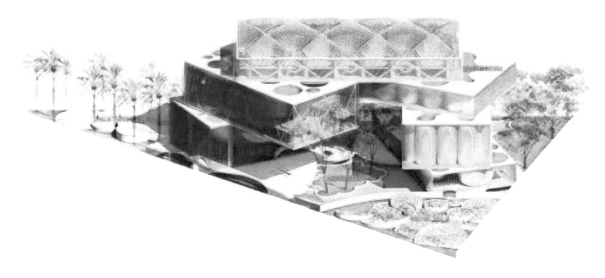

图 3-35　景观轴测图 1

图 3-36　景观轴测图 2

四、鸟瞰图

鸟瞰图则以轴测图为基础。鸟瞰图具有一定的透视感，如图 3-37 所示。

图 3-37 鸟瞰图

五、效果图绘制

(一) 透视

透视是根据景观中建筑物和各景观要素的平面、立面、剖面，运用透视几何学原理将二度空间的形状在图纸上用具有立体感的二度空间的绘图技法表达出来，因此透视图具有深度感，表现了实体、空间、时间和光之间的关系，是较为直观的表达设计意图的工具。透视一般分为三种：一点透视、二点透视和三点透视。

1. 一点透视法

一点透视法又称高平行透视法。一点透视只有一个灭点，在其空间界面中，前后两个界面的画面平行，上下两个界面与基面平行，另外两个界面则与画面基面相垂直。

一点透视的表现范围广，纵深感强，比较适合画街景及线状空间。图 3-38 表示的是一点透视法的原理。

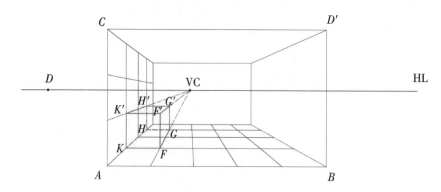

图 3-38 一点透视网格图

2. 二点透视法

二点透视法又称"成角透视"法。相对于一点透视法，这种透视法可以体现出一定的动态感，能够比较真实地反映空间。其缺点是如果角度选择不准，容易产生变形。

二点透视法有两个灭点：左侧消失点和右侧消失点。用这种方法画方盒子，会出现一组垂直的线条、一组消失在左侧消失点的线条及另一组消失在右侧消失点的线条。图 3-39 表示的是二点透视法的原理。

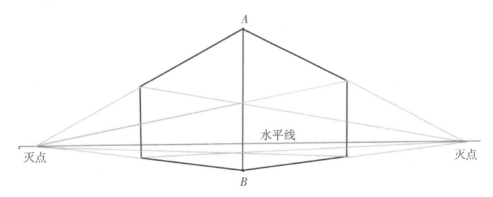

图 3-39　二点透视法

3. 三点透视法

当视点过高或过低时，观察物体就出现了三个灭点，即高、宽、深三维尺度都有透视变化。三点透视法多用于高层建筑透视，也用俯视图或仰视图。图 3-40 所示的是三点透视法的原理。

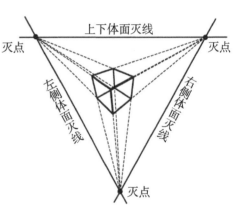

图 3-40　三点透视法

（二）手绘景观效果图

一般说来，一幅漂亮的效果图，应在整体的基础上达到某种程度的夸张，做到突出某种效果，以表达设计的意图及突出创意。

1. 素描表现法

素描实际上是单色画，即用单一的颜色表现对象的造型、质地及色彩等元素。这种方法相对来说是比较容易掌握的，用来画概念以表现草图时相当方便，效果简洁直观。这种表现法因为没有色彩，所以明暗调子的组织显得更加重要。组织明暗调子较简单的方法是将景物分为前景、中景和远景，归属于不同的调子。最经常出现的组合是将暗调子用于前景，将明调子用于中景，将中间调子用于远景，如图 3-41、图 3-42 所示。

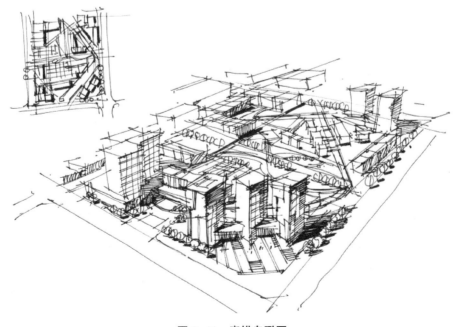

图 3-41　素描鸟瞰图

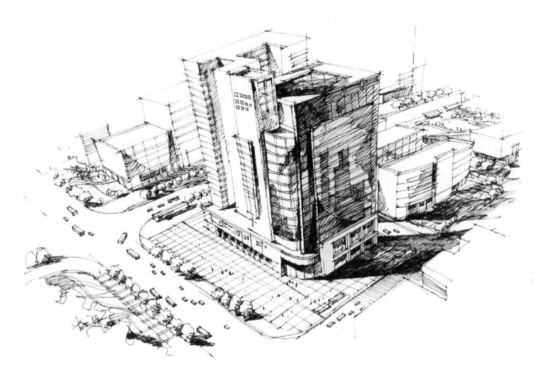

图 3-42 素描建筑鸟瞰图

2. 线描淡彩表现法

线描淡彩表现法是以线描为主、以颜色为辅的一种效果图表现技法。勾线一般采用针管笔或者速写钢笔，图面素描表现时要充分，这时效果相对已经比较完整，再施以淡彩来烘托整体效果。颜料则宜选用透明或半透明的颜料，如水彩、水粉以及水溶性彩色铅笔等，否则颜色容易覆盖线描稿。如图 3-43、图 3-44 所示。

图 3-43 景观场景淡彩表现

图 3-44　景观建筑淡彩表现

　　这里特别需要强调的是，运用线描淡彩法作图时，应该理解为此"淡彩"并不是简单地指淡彩或浓彩，而应理解为使用色彩时的概括与简捷。

3. 水彩表现法

　　水彩表现法是建筑画法中的传统技法，也常应用于景观表现图中。水彩是以水为媒介调和专门的水彩颜料进行艺术创作的绘画。其具有明快、湿润、水色交融的独特的艺术魅力。

　　水彩着色的技法要注意由浅至深，由淡至浓，逐渐分层次地叠加。但叠加的次数不宜过多，叠加超过三遍就会令画面色彩混浊。水彩画法分为干画法和湿画法两种。干画法的技法要领在于色块相加时，须在前一色块干透后再加下一颜色；湿画法的技法要领是在画面湿润或半干时，溶入其他的色彩，如图 3-45、图 3-46 所示。

图 3-45　鸟瞰图水彩表现

图 3-46　景观场景水彩表现

4. 马克笔表现法

马克笔是一种快速而有效的绘图工具，具有干得快、着色简便、色彩亮丽、透明度高和可以进行色彩叠加等特点，因此常用于快速表现图中。马克笔表现法就是利用马克笔绘图的一种方法。马克笔可以在墨线稿的基础上着色，也可以与其他色彩工具相结合，运用起来非常灵活方便，如图 3-47、图 3-48 和图 3-49 所示。

图 3-47　建筑场景马克笔表现

图 3-48　景观场景马克笔表现 1

图 3-49　景观场景马克笔表现 2

📳 本章小结

图解是设计表达与交流的语言。图示与图式是不同层级的图解语言。图示是设计的表达工具和制图的规则或规范，图式是对关系、特征、规律和模式的概括和提炼，因此掌握必要的制图规范与制图的详细步骤，是学习景观设计极其重要的基础知识。

📳 思考题

1. 标注圆的直径尺寸时应该注意哪些？

2. 手绘景观效果图有哪些方法？请分别指出。

3. 景观设计图纸幅面的规格有哪些？

第四章
景观设计要素
JINGGUAN SHEJI YAOSU

第一节
地形

地形的常见类型有平地形、坡地形。根据地形的不同，对地形的竖向设计也有不同要求。

竖向设计又称为垂直设计，是指对基地的自然地形及建筑、构筑物进行垂直方向的高程（标高）设计，要求满足经济、安全和景观等要求。

一、平坦场地的竖向设计

平坦场地设计地面的竖向布置形式通常称为平坡式竖向设计。平坡式竖向设计可使建筑物垂直等高线布置在坡度小于10%的坡地上，或平行等高线布置于坡度小于12%的坡度上（见图4-1）。

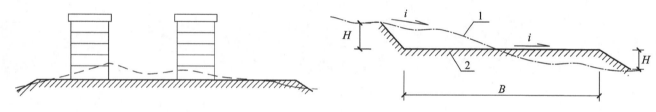

图4-1　平坡式竖向设计

（一）设计地面的坡度与标高要求

为了使建筑、构筑物周围的雨水顺利排除，又不至于冲刷地面，一般坡度为0.5%，最小坡度为0.3%，最大坡度为6%。设计地面标高要求具体如下。

1. 防洪、排涝

滨水场地防洪、排涝设计地面要求如图4-2所示。

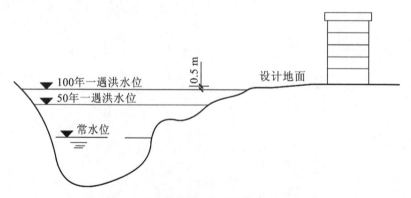

图4-2　滨水场地防洪、排涝设计地面要求

2. 土方工程量

（1）地形起伏较小：可根据场地范围内自然地面标高的平均值初步确定场地内的标高（见图4-3）。

（2）地形起伏较大：应充分利用地形，适当地加大设计地面的坡度，反复调整设计地面标高，使设计地面尽可能接近地面（见图4-4）。

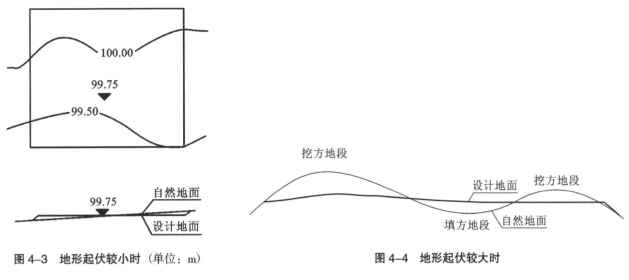

图4-3 地形起伏较小时（单位：m）　　　　　　图4-4 地形起伏较大时

3. 城市下水管接入点标高

城市下水管接入点标高如图4-5所示。

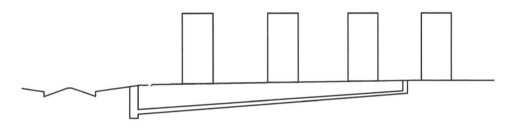

图4-5 城市下水管接入点标高

（二）设计地面与自然地面的连接

竖向设计时，场地与周围环境的有机结合表现在设计地面与自然地面的处理上，这种处理是否得当，不仅关系到场地的景观效果，更关系到场地的安全与稳定。常见的处理方法是设置边坡或者挡土墙。

1. 边坡

边坡是一段连续的斜坡面，为了保证土体和岩石的稳定，斜坡面必须具有稳定的坡度，称边坡坡度。边坡坡度用高宽比表示（见图4-6、图4-7，见表4-1）。

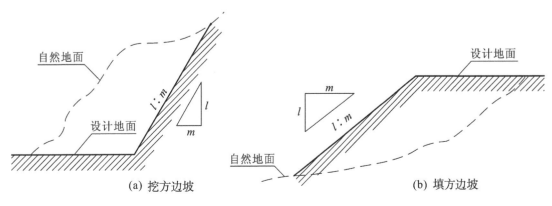

（a）挖方边坡　　　　　　　　　　　　　（b）填方边坡

图4-6 边坡坡度

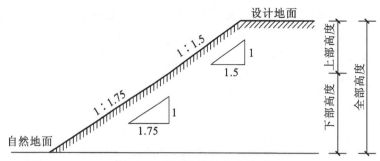

图 4-7　填方边坡的高度关系

表 4-1　填方边坡坡度允许值

填料类别	边坡最大高度 /m			边坡坡度（高度比）		
	全部高度	上部高度	下部高度	全部坡度	上部坡度	下部坡度
黏性土	20	8	12	—	1：1.5	1：1.75
砾石土、粗砂、中砂	12	—	—	1：1.5	—	—
碎石土、卵石路	20	12	8	—	1：1.5	1：1.75
不易风化的石块	8	—	—	1：1.3	—	—
	20	—	—	1：1.5	—	—

注：1.《工业企业总平面设计规范》（GB 50187—2012）；

　　2. 用大于 25 cm 的石块砌筑的路堤，且边坡采用干砌者，其边坡坡度应根据具体情况确定；

　　3. 在地面横坡陡于 1：5 的山坡上填方时，应将原地面挖成台阶，台阶宽度不应小于 1 m。

2. 挡土墙

当设计地面与自然地形之间有一定高差时，切坡后的陡坎，或处在不良地质处，或易受水流冲刷而坍塌，或有滑动可能的边坡，当采用一般铺砌护坡不能满足防护要求时，或用地受限制的地段，宜设挡土墙。高度在 5 m 以下时，常用重力式挡土墙。

挡土墙的分类方法较多，一般以结构形式的分类为主，分为重力式、悬臂式、扶壁式、锚杆式、加筋式、板桩等。

3. 边坡与挡土墙

（1）边坡和挡土墙均能保持土体或岩石的稳定。

（2）边坡占地大，挡土墙占地小。

（3）边坡造价低，挡土墙高。

（4）挡土墙稳定性比边坡更高，更能保证场地安全。

（5）在风景区注重自然景观效果的场地应优先考虑边坡。

（三）确定建筑物室内外地坪的设计标高

当自然地形较平整，且建筑物长度不是很长时，建筑物室内地坪标高为：地形最高点标高 + 建筑物室内外地坪标高差（见图 4-8）。

当建筑物两边高差落差大时，建筑物室内地坪标高为：地形标高的平均值 + 室内外最小高差（见图 4-9）。

当周边道路坡度较大时，如果建筑物面向道路较高一侧有出入口，建筑物的室内地坪标高应该根据出入口对应的较高处的道路标高推算后加入室内外地坪高差确定（见图 4-10）。

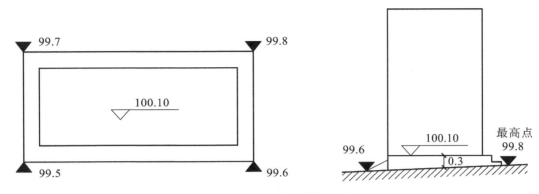

图 4-8 地形平整（单位：mm）

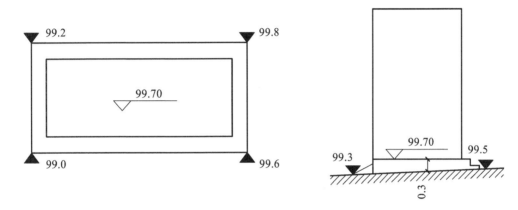

图 4-9 建筑物两边高差大（单位：mm）

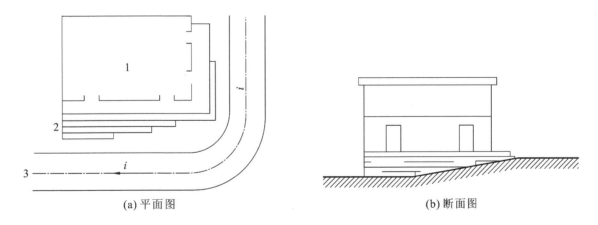

(a) 平面图 　　　　　 (b) 断面图

图 4-10 周边道路较高一侧有出入口
1—建筑物；2—踏步；3—道路

　　虽然周边道路坡度较大，但一般而言，建筑物面向道路较高一层不设置出入口，同时处理好建筑与周边道路衔接，设置必要的排水沟与挡土墙（见图 4-11）。

二、坡地场地的竖向设计

　　坡地场地设计地面是由几个高差较大的不同标高的设计地面连接而成的，在连接处设置挡土构筑物。这种竖向布局通常称为台阶式竖向设计（见图 4-12）。

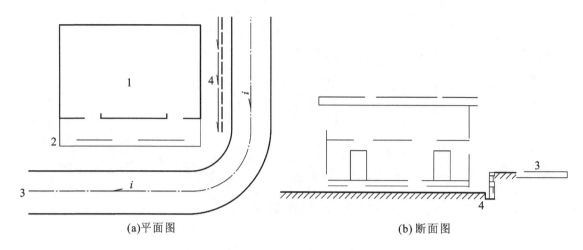

(a)平面图　　　　　　　　　　　(b)断面图

图 4-11　周边道路较高一侧无出入口
1—建筑物；2—踏步；3—道路；4—水沟和挡土墙

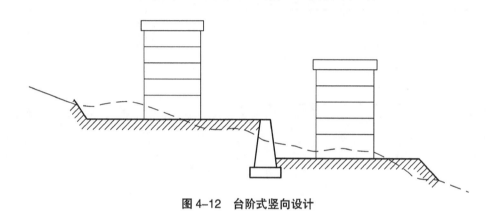

图 4-12　台阶式竖向设计

坡地场地设计地面形式主要有以下几种。

(1) 平坡式：用地经改造成为平缓斜坡的规划地面形式。

(2) 台阶式：用地经改造成为阶梯式的规划地面形式。台地的高度宜为 1.5～3 m。

(3) 混合式：用地经过改造成平坡和台阶相结合的规划地面形式。

(一) 设计地面

1. 台阶布置

台阶的纵轴宜平行于自然地形的等高线布置，台阶连接处应该避免设置在不良地质地段，台阶的整体空间形态结构应该符合场地景观要求。

2. 台阶宽度

台阶宽度是垂直于等高线方向的设计地面的宽度，根据综合因素确定（见图 4-13）。

3. 台阶高度

一般情况，台阶高度不宜高于 1 m。

4. 设计地面之间、地面与自然地形之间的连接

边坡、挡土墙、边坡与挡土墙结合（见图 4-14）。

5. 交通联系

踏步：跨度 <30 cm，高度 <15 cm。

坡道：纵向坡度 <8%。

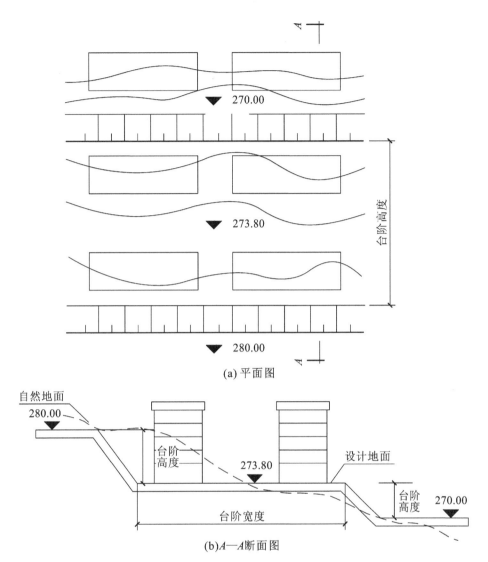

(a) 平面图

(b)A—A断面图

图 4-13　台阶式的几何要素（单位：mm）

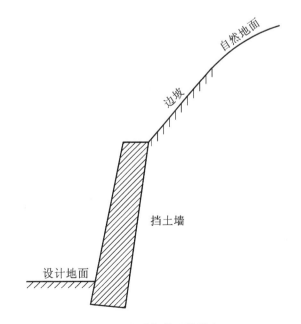

图 4-14　边坡与挡土墙结合

6. 灵活布置建筑出入口

建筑出入口的布置通常有双侧分层入口、单侧分层入口、室外楼梯或踏步、天桥式，如图 4-15 所示。

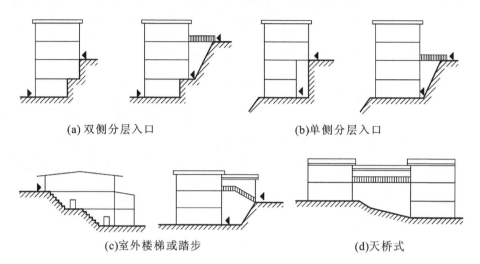

(a) 双侧分层入口   (b)单侧分层入口

(c)室外楼梯或踏步   (d)天桥式

图 4-15　灵活设置建筑物入口

（二）建筑结合坡地布置的方法

有时，坡地场地的建筑单体布置时，并不需要完全地把地形变成平整面，而是采用改变建筑内部结构的方法，使建筑适应地形的变化。常用的技术处理有以下几种。

1. 提高勒脚

适用：山体坡度较缓，但局部高低变化多，地面崎岖不平。中坡坡地、缓坡，宜将垂直等高线布置在小于 8% 的坡度上，或将平行等高线布置小于 10%。

做法：将建筑物四周勒脚按照建筑标高处勒脚要求，调整到同一标高（见图 4-16）。

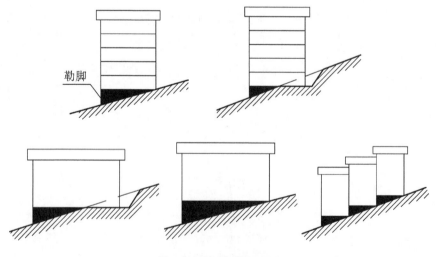

图 4-16　提高勒脚处理

2. 跌落

适用：当建筑物垂直于等高线布置时，建筑以单元或开间为单位，顺坡势沿垂直方向跌落。

做法：处理成分段的台阶式布置形式，以节约土方（见图 4-17）。

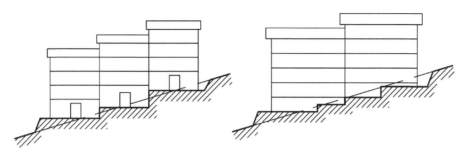

图 4-17　跌落处理

3. 错层

适用：较陡的山地环境，为避免较多土方量，适应坡度高程变化，往往将建筑内部相同楼层设计层不同标高。

做法：用楼梯或平台分别组织住户单元的入口（见图 4-18）。

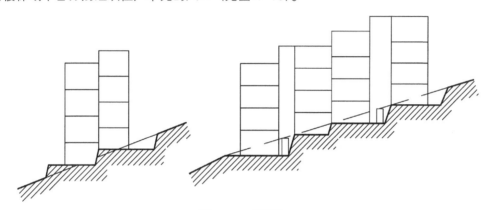

图 4-18　错层处理

4. 掉层

适用：当山地地形高差相差悬殊时，将建筑物的基地作为台阶状，使台阶高差等于一层或数层的层高，形成掉层。一般适用于中坡、陡坡。

做法：沿等高线分层组织道路，两条不同高差的道路之间的建筑可做掉层处理（见图 4-19）。

5. 错叠

适用：当建筑物垂直于等高线布置时，结合现场工程条件，可适用于陡坡、急坡坡地，可将垂直等高线布置在 50%~80% 的坡度上。

做法：顺坡势逐层或隔层沿水平方向做一定距离的错动和重叠，形成阶梯状分布（见图 4-20）。

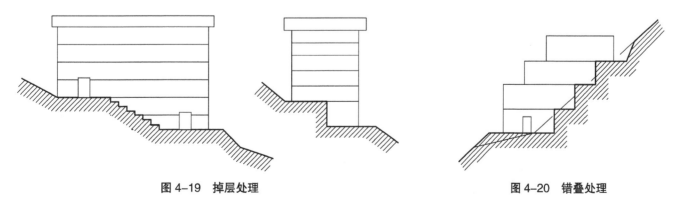

图 4-19　掉层处理　　　　　　　　　　　　　　图 4-20　错叠处理

第二节
植物

一、生态原则

植物配置应按照生态学原理，充分考虑物种的生态位特征，合理选配植物种类，避免种间直接竞争，形成结构合理、功能健全、种群稳定的复层人工植物群落结构。同时，根据生态学上物种多样性导致群落稳定性原理，植物配置时应实行物种的多样性。物种多样性是群落多样性的基础，它能提高人工植物群落的观赏价值，增强人工植物群落的抗逆性和韧性，有利于保持群落的稳定，避免有害生物的入侵。只有丰富的物种种类才能形成丰富多彩的人工植物群落景观，满足人们不同的审美要求；也只有多样性的物种种类，才能构建不同生态功能的人工植物群落，更好地发挥人工植物群落的景观效果和生态效果。

二、美学原则

园林植物的美体现在色彩、香味、体形、线条等方面，尤其是色彩美，主要是利用叶子的颜色差异和色彩的变化、枝干颜色（如红色、绿色、金黄色等）的与众不同。在植物造景时，可以根据植物各自的特点，进行合理的配置，形成观赏性极强的景观。在自然中多数植物的叶色为绿色，只有部分植物的叶色为紫色、红色、黄色等，这部分树种分为两种：常色叶植物和变色叶植物。常色叶植物是指植物的叶常年异色，如紫叶李（见图 4-21）、红枫、金边黄杨等；变色叶植物有春天新发嫩叶异色，如红叶石楠；有秋天叶色呈现异色，如银杏（见图 4-22）和榉树等；还有冬天经霜冻后呈现异色或异色更加浓重的植物。园林景观中只有绿色难免单调，应根据色彩本身的属性（色相、明度、饱和度）将彩叶植物巧妙点缀其中，使色彩搭配柔和亲切，给人以美感，达到景观设计的美学要求。

图 4-21　紫叶李

图 4-22　银杏

植物配置不是绿色植物的简单堆积，而是在审美基础上的艺术配置，是对景观园林艺术进一步的发展和提高。

植物配置应遵循统一、调和、均衡、韵律等基本美学原则，这就需要在进行植物配置时，熟练掌握各种植物材料的观赏特性和造景功能，整体把握植物配置效果，根据美学原则和人们的观赏要求进行合理配置，丰富群落美感，提高观赏价值，渲染空间气氛。

三、功能原则

植物配置时，首先应明确园林设计的目的和功能。例如高速公路中央分隔带的种植设计，是为了达到防止眩光的目的，确保司机行车安全，中央分隔带中植物的密度和高度都有严格的要求；城市滨水区绿地中植物的功能之一就是能够过滤、调节由陆地生态系统流向水域的有机物和无机物，进而提高河水质量，保证水景质量；在进行陵园种植设计时，为了营造庄严、肃穆的气氛，植物配置常选择青松翠柏，对称布置；而在儿童公园内一般选择无毒无刺、色彩鲜艳的植物进行自然式布置，保持与儿童活泼的天性相一致（见图4-23）。

图4-23 儿童公园植物

第三节
水体

1. 人的亲水性

人一般都喜欢水，和水保持着较近的距离。当人距离水很近时，人可以接触到水，用身体的各个部位感受水的亲切，水的气味和水雾、水温都直接刺激着人，让人感到兴奋。当人距离水较远时，人可以通过视觉感受水的存在，被吸引到水边，实现近距离接触。有些水景设置得较为隐蔽，但可以通过水声来吸引人群。

在较为安全的情况下，由于人的亲水性，应该缩短人和水面的距离，这样可以让人融入水景中。人们喜欢立于水面，直接接触到水，小孩子喜欢在浅水中嬉水，涉足水中尽情玩乐；在特殊的情况下，人们可以潜入水中，身临其境，欣赏水下环境的魅力，等等（见图4-24、图4-25）。

图 4-24　儿童嬉水

图 4-25　潜水

2. 水的环境特性

水在常温下是一种液体。本身并无固定的形状，其观赏的效果决定于盛水物体的形状、水质、周围的环境。水的各种形状、水姿都和盛器相关。盛水的器物设计好了，所要达到的水姿就出来了。水体周围环境的风、温度、光线等自然因素，也会影响水体观赏效果。例如，温度下降，水结成冰，波光潋滟的湖面变成光滑耀眼的冰场，观赏的趣味、使用的方向就迥然不同（见图 4-26）。

园林水体赖以依靠的盛水器物主要有以下两种。

（1）自然状态下的水体。如自然界的湖泊、池塘、溪流等，其边坡、底面均是天然形成的（见图 4-27）。

图 4-26　湖面结冰

图 4-27　湖泊

（2）人工状态下的水体。如水池、游泳池等，其侧面、底面均是人工构筑而成的（见图 4-28、图 4-29）。

图 4-28　水池

图 4-29　游泳池

一、自然水景

自然水景与海、河、江、湖、溪相关联。这类水景设计必须服从原有自然生态景观和自然水景线与局部环境水体的空间关系，正确利用借景、对景等手法，充分发挥自然条件，形成纵向景观、横向景观和鸟瞰景观。自然水景的构成元素如表4-2所示。

表4-2　自然水景构成元素表

景观元素	内容
水体	水体流向，水体色彩，水体倒影，溪流，水源
沿水驳岸	沿水道路，沿岸建筑（码头、古建筑等），沙滩，雕石
水上跨越结构	桥梁，栈桥，索道
水边山体树木（远景）	山岳，丘陵，峭壁，林木
水生动植物（近景）	水面浮生植物，水下植物，鱼鸟类
水面天光映衬	光线折射漫射，水雾，云彩

（一）自然式水塘（见图4-30）

自然水景可使户外空间产生一种轻松恬静的感觉。由于水塘的静态感觉，其可在景观中作为一个基准面，成为其他景物的参考平面；可作为联系和统一环境中不同区域的手段；可起到展现景物的作用。由于其自然的不规则性，不会使景物一目了然，从而创造出一定的神秘感。

（二）规则式水池（见图4-31）

水池是界定静止水体的坚硬几何体，水池放于观赏者和景物之间可形成倒影。浅水池能让人看到池底的质地；平静的水池可作为雕塑或其他焦点景物的中性背景。

图4-30　自然式水塘

图4-31　规则式水池

二、人工水景

人工水景根据景观空间的不同，采取多种手法进行引水造景（如叠水、溪流、瀑布、涉水池等），场地中若有自然水体的景观则要保留利用，综合设计，以使自然水景与人工水景融为一体。水景设计要借助水的动态效果营造充满活力的景观氛围。

图 4-32　小型人工瀑布

（一）瀑布跌水

园林中的瀑布主要是利用地形高差和砌石形成的小型人工瀑布（见图 4-32），以改善其景观。瀑布跌落有很多形式，日本有关园林营造的书《作庭记》把瀑布分为"向落、片落、传落、离落、棱落、丝落、左右落、横落"等形式，以不同的形式表达不同的感情。人在瀑布前，不仅希望欣赏到优美的落水形象，而且还喜欢听到落水的声音。

人工瀑布按其跌落形式分为滑落式、阶梯式、幕布式、丝带式等多种，并模仿自然景观，采用天然石材或仿石材设置瀑布的背景和引导水的流向（如景石、分流石、承瀑石等），且要考虑观赏效果，不宜采用平整饰面的白色花岗石作为落水墙体。为了确保瀑布沿墙体、山体平稳滑落，应对落水口处山石做卷边处理，或对墙面做坡面处理。人工瀑布因其水量不同，会产生不同视觉、听觉效果，因此，落水口的水流量和落水高差的控制是设计的关键参数，居住区内的人工瀑布落差宜在 1 m 以下。

（二）溪流

溪流是提取了山水园林中溪涧景色的精华，是使城市园林回归自然的真实写照。小径曲折多次，溪水忽隐忽明，因落差而造成的流水声音——叮咚作响，人达到了仿佛亲临自然的境界。

为了使水体景观在视觉上更为开阔，可适当增大宽度或使溪流蜿蜒曲折。溪流水岸宜采用散石和块石，并与水生或湿地植物的配置相结合，减少人工造景的痕迹。溪流的形态应根据环境条件、水量、流速、水深、水面宽和所用材料进行合理的设计。溪流分可涉入式溪流和不可涉入式溪流（见图 4-33）两种。可涉入式溪流的水深应小于 0.3 m，以防止儿童溺水，同时水底应做防滑处理，且可供儿童嬉水的溪流，应安装水循环和过滤装置。不可涉入式溪流宜种养适应当地气候条件的水生动植物，以增强观赏性和趣味性。

图 4-33　不可涉入式溪流

溪流的坡度应根据地理条件及排水要求而定。普通溪流的坡度宜为 0.5%，急流处坡度为 3% 左右，缓流处不超过 1%。溪流宽度宜为 1~2 m，水深一般为 0.3~1 m，溪流宽度超过 0.4 m 时，应在溪流边缘采取防护措施（如石栏、木栏、矮墙等）。

（三）生态水池

生态水池（见图 4-34）是既适于水下动植物生长，又能美化环境、调节小气候、供人观赏的水景。居住区的生态水池多饲养观赏鱼虫和习水性植物（如鱼草、芦苇、荷花、莲花等），营造动物和植物互生互养的生态环境。水池的深度应根据饲养鱼的种类、数量和水草在水下生存的深度而确定，一般在 0.3~1.5 m。为了防止陆上动物的侵扰，池边平面与水面需保证有 0.15 m 的高差。水池壁与池底需平整以免伤鱼。池壁与池底以深色为佳。深度不足 0.3 m 的浅水池，池底可做艺术处理，显示水的清澈透明。池底与池畔宜设隔水层，池底隔水层上覆盖 0.3~0.5 m 厚土种植水草。

图 4-34　生态水池

（四）装饰水景

装饰水景不附带其他功能，只起赏心悦目、烘托环境的作用，这种水景往往构成环境景观的中心。装饰水景通过人工对水流的控制（如排列、疏密、粗细、高低、大小、时间差等）达到艺术效果，并借助音乐和灯光的变化产生视觉上的冲击，进一步展示水体的活力和动态美，满足人的亲水要求。

1. 喷泉

喷泉（见图 4-35）是西方园林中常见的景观。不同的地点、不同的空间形态、不同的使用人群对喷泉的速度、水行等都有不同的要求。喷泉景观的分类和适用场所如表 4-3 所示。

图 4-35　小品喷泉

表 4-3 喷泉的分类和适用场所

名　称	主　要　特　点	适　用　场　所
壁泉	从墙壁、石壁和玻璃板上喷出，顺流而下形成水帘和多股水流	广场，居住区入口，景观墙，挡土墙，庭院
涌泉	水由下向上涌出，呈水柱状，高度 0.6~0.8 m 左右，可独立设置也可组成图案	广场，居住区，庭院，假山，水池
间歇泉	模拟自然界的地质现象，每隔一定时间喷出水柱和汽柱	溪流，小径，泳池边，假山
旱地泉	将喷泉管道和喷头下沉到地面以下，喷水时水流回落到广场硬质铺装上，沿地面坡度排出	平常可作为休闲广场，居住区入口
跳泉	射流非常光滑稳定，可以准确地落在受水孔中，在计算机控制下生成可变化长度和跳跃时间的水流	庭院，园路边，休闲场所
跳球喷泉	射流呈光滑的水球，水球大小和间歇时间可控制	庭院，园路边，休闲场所
雾化喷泉	由多组微孔喷泉组成，水流通过微孔喷出，看似雾状，多呈柱形和球形	庭院，园路边，休闲场所
喷水盆	外观呈盆状，下有支柱，可分多级，出水系统简单，多为独立设置	园路边，庭院，休闲场所
小品喷泉	从雕塑口中的器具（罐、盆）和动物（鱼、龙）口中出水，形象有趣	广场，雕塑群，庭院
组合喷泉	具有一定规模，喷水形式多样，有层次，有气势，喷射高度高	广场，居住区，入口

2. 倒影池（见图 4-36）

光和水的互相作用是水景景观的精华所在，倒影池就是利用光影在水面形成的倒影，扩大视觉空间，丰富景物的空间层次，增加景观的美感。倒影池极具装饰性，可做得十分精致，不同大小水池都能产生特殊的借景效果，花草、树木、小品、岩石前都可设置倒影池。

倒影池的设计首先要保证池水一直处于平静状态，尽可能避免风的干扰；其次是池底要采用黑色和深绿色材料铺装（如黑色塑料、沥青胶泥、黑色面砖等），以增强水的镜面效果。

图 4-36　倒影池

三、水景构造与设计

(一) 水景设计中的设备配备

(1) 确定水的用途，例如观赏、戏水、养鱼等。如以戏水为目的，则应充分注意安全，降低水深；如以养鱼为目的，则保证水质，安装过滤装置。

(2) 确定是否需要循环装置。

(3) 确认是否必须安装过滤装置。

(4) 确保设置有关设备必需的场所和空间，提供充足的电力。例如安装循环设备、过滤装置、水泵和水下泵井、配电房的场所及操作空间。

(5) 确认水中是否需要照明。

(6) 搞好建筑设备管线与瀑布、水池等水景设施的给排水管线的连接及排水的协调。

(7) 在做水底与水滨的土木工程时，应设防水层以防渗水。

(二) 瀑布的设计

1. 瀑布、跌水瀑布

园林中的瀑布按其跌落形式被赋予各种名称，如丝带式瀑布 (见图 4-37)、幕布式瀑布 (见图 4-38)、阶梯式瀑布、滑落式瀑布等。

图 4-37　丝带式瀑布

图 4-38　阶梯式瀑布

通常情况下，由于人们对瀑布的喜好形式不同，而瀑布自身的展现形式也不同，加之表达的题材及水量不同，所以造就出多姿多彩的瀑布。

跌水一般都是在欧式园林中常见的呈阶梯式跌落的瀑布。

2. 瀑布的气势和水量

同一条瀑布，如其瀑身水量不同，就会演绎出从宁静到宏伟的不同气势。尽管循环设备与过滤装置的容量决定整个瀑布的循环规模，但就景观设计而言，瀑布落水口的水流量 (自落水口跌落的瀑身厚度) 才是设计的关键。

若以普通的高 3 m 的瀑布为例，可按如下标准设计：

(1) 沿墙面滑落的瀑布——水厚 3~5 mm；

(2) 普通瀑布——水厚 10 mm 左右；

(3) 气势宏大的瀑布——水厚 20 mm 以上。

一般瀑布的落差越大，所需水量越多；反之，则需水量越小。瀑布潭内的水量、循环速度由水泵调节，因此，为便于调节水量，应选用容量较大的水泵。

3. 瀑布落水口的细处理与瀑身形态

一般水流沿墙面滑落时，会因力学关系做抛物线运动，因此对高差大、水量多的瀑布，若设计其沿垂直墙面滑落，应考虑抛物线因素，适当加大承瀑布潭的进深。对高差小、落水口较宽的瀑布，如果减少水量，瀑流常会呈幕帘状滑落，并在瀑身与墙体间形成低压致使部分瀑流向中心集中，哗哗作响，还可能割裂瀑身，需采取预防措施（如加大水量或对设置落水口的山石做拉道处理，凿出细沟，使瀑布呈丝带状滑落）。

通常情况下，为确保瀑流能够沿墙体平稳滑落，常对落水口处山石做卷边处理；也可根据实际情况，对墙面做坡面处理。

（三）溪流的设计

1. 溪流、沟渠

水景设计中的溪流形式多种多样，如中式园林中具有代表性的自然式溪流，欧式园林中用以连接为远眺、对景而设的壁泉、水池等，以及具有一定装点作用的沟渠等。

景观设计者可根据水量、流速、水深、水宽及沟渠等形式来创作设计不同的形式。

2. 自然式溪流与主景石

园林的溪流中，为尽量展示溪流、小河流的自然风格，常设置各种主景石。在天然形成的溪流设置主景石，可更加突出其自然魅力。

3. 溪流与坡势、水深

园林中溪流的坡势依流势而设计，急流处为 3% 左右，缓流处为 0.5%~1.0%。普通的溪流，其坡势多为 0.5% 左右，溪流宽度 1~2 m，水深 10~30 cm。而有些大型溪流则长约 1 km，宽 2~4 m，水深 30~50 cm，河床坡度却为 0.05%，相当平缓。

一般情况下，溪流的坡势应根据建设用地的地势及排水条件等决定。

4. 溪流设计要点

（1）明确溪流的功能，如观赏、嬉水、养殖昆虫植物等，然后依照功能进行水底、防护堤水量、水质、流速的设计计算和调整。

（2）对游人可能涉入的溪流，其水深应设计在 30 cm 以下，以防儿童溺水，且水底应做防滑处理。另外，对不仅用于儿童嬉水，还可游泳的溪流，应安装过滤装置（一般可将瀑布、溪流、水池的循环、过滤装置集中设置）。

（3）为使庭院更显开阔，可适当加大自然式溪流的宽度，增加其曲折度，甚至可以采取夸张设计（见图 4-39）。

（4）对溪底，可选用大型鹅卵石、水洗砾石、瓷砖、石料等做铺砌处理，以美化景观（见图 4-40）。

（5）栽种石菖蒲、玉蝉花等水生植物处的水势会有所减弱，应设置尖桩压实植土。

（6）水底与防护堤都应设防水层，防止溪流渗漏。

（四）景观水池的设计

1. 水池的功能及其设计

水池有多种，例如：园林中富有代表性的自然式池塘，各种广场常用的用于倒映建筑物的几何形水池（见图 4-41），高尔夫球场中所见的美化景观用的水池、养鱼池，儿童游乐场中的涉水池等（见图 4-42）。

在设计水池时，应注意掌握好岸线、水面、地面三者之间的衔接与联系。设计供观赏、饲养鲤鱼等的水池时，

图 4-39　庭院溪流

图 4-40　溪底卵石铺砌

图 4-41　几何形水池

图 4-42　高尔夫水池

则应注意根据所饲养的品种、数量等决定水池的宽度与深度，达成平衡，并要在池边做安全处理，防止猫、狗等小动物的侵扰。

设计涉水池应考虑安全问题，水深要降至 10~30 cm，池底做防滑处理。娱乐休闲用游泳池的水深一般为 0.5~1.5 m，同时，为了安全，可将水深差保持在 20cm 以内，池底坡势相当于一般排水坡度。

2. 园林中的池塘

园林中的池塘，为了在长、宽上展示出宽阔，通常被设计成云线形，尽量使岸线曲折多变。同时，在水流舒缓的凹地设置洲岛；水流急促的地方安置景观石，在感觉上缩短与岸边的距离；或在池塘两边做草皮防护堤，增添变化。

与瀑布溪流一样，水池中除中心岛、小群岛、大块平石等主景石外，还有其他一些构成园林池塘的构图要素，如洲岛、石桥、汀步（见图 4-43）、踏步石等。

设计园林中的池塘时，如果地下水位高于池底时，不需要进行池底处理，反之则需要进行池底的设计和处理。

图 4-43　汀步

图 4-44　养鱼池

3. 养鱼池（见图 4-44）

养鱼池的水深因所养鱼种而异，饲养金鱼约 30 cm 深，饲养鲤鱼 30~60 cm 深，如用于冬眠或过冬，水深应达到 1 m 左右。水池的规模依所饲养的鱼的数量而定，应按以下标准设计：

（1）饲养 10 条左右 20 cm 长的鲤鱼，需水面约 10 m²；

（2）饲养 30 条左右 20 cm 长的鲤鱼，需水面约 20 m²；

（3）饲养 10 条左右 30 cm 长的鲤鱼，需水面约 20 m²；

（4）饲养 10 条左右 45 cm 长的鲤鱼，需水面约 40 m²。

饲养观赏鲤鱼的鱼池，其水深至少为 1.2 m，如可能，应设计为 1.5 m。为防范动物的侵扰，池边地面与水面的高差应确保 15 cm 以上。水池的池壁与池底不要有凹凸，应保持平整，以免伤鱼。池壁与池底的颜色应做成黑色，用以衬托鲤鱼的鲜艳多姿，且养鱼池应安装过滤装置，确保水质清洁。池中常残留有鱼粪、鱼饵等垃圾，应在池底做陡坡处理，坡度以能将鱼粪汇集在池底鱼巢的深处为宜。

4. 水草的种植与池水深度

不同的水草生活在不同的水环境中。例如，鸢尾、蝴蝶花生长在靠近水池的陆地上；玉蝉花、水芹、花菖蒲、芦苇、莎草等生长在水边；水蔗草、菱笋、灯芯草生长在水深 5~10 cm 处；睡莲所需水深为 30 cm，而它的种子发芽则在水深 10 cm 处；莲花、慈姑所需水深为 20 cm 左右；萍蓬草适合在 1 m 左右深、无暗流的地方生活；而凤眼兰则一般漂浮在水面上。因此，大、中型鱼池，应修筑挡土墙，池底铺垫水田常用的底土；小型水塘一般可利用瓦盆栽种水草，长成后再植入水中。

5. 水池的设计要点

（1）确定水池的用途，是观赏用、嬉水用，还是养鱼用。如为嬉水，其设计水深应在 30 cm 以下，池底做防滑处理，注意安全性，且因儿童有可能饮用池中水，应尽量设置过滤装置。养鱼池，应确保水质，水深为 30 ~50 cm，并设置越冬用的鱼巢。另外，为解决水质问题，除安装过滤装置外，还要做水除氯处理。

（2）池底处理，如水深 30 cm 的水池，且池底清晰可见，应考虑对池底做相应的艺术处理。浅水池一般可采用与池床相同的饰面处理。普通水池常采用水洗豆砾石或镶砌鹅卵石的处理。瓷砖、石料铺砌的池底，无过滤装置，存污后会很醒目；铺砌大鹅卵石虽然耐脏，但不便清扫，所以各种池底都有其利弊。对游泳池而言，如为使池水显得清澈、洁净，可采用水色涂料或瓷砖、玻璃马赛克装饰池底。想突出水深，可把池底做深色处理（见图 4-45）。

（3）确定用水种类（自来水、地下水、雨水）及是否需要循环装置。

（4）确认是否安装过滤装置。如养护费用有限又需经常换水、清扫的小型池，可安装氧化灭菌装置，基本上可以不用安装过滤装置。但考虑到藻类的生长繁殖会污染水质，还应设法配备过滤装置。

图 4-45　池底镶砌卵石

（5）确保循环、过滤装置的场所和空间，水池应配备泵房或水下泵井，小型池的泵井规模一般为 1.2 m×1.2 m 大，井深需 1 m 左右。

（6）设置水下照明，配备水下照明时，为防止损伤器具，池水需没过灯具 5 cm 以上，因此池水总深应达到 30 cm 以上。另外，水下照明设置尽量采用低压型。

（7）在规划设计中应注意瀑布、水池、溪流等水景设施的给排水管线与建筑内部设施管线的连接，以及调节阀、配电室、控制开关的设置位置。同时，对确保水位的浮球阀、电磁阀、溢水管、补充水管等配件的设置应避免破坏景观效果。最后，水池的进水口与出水口应分开设置，以确保水循环均衡。

（8）水池的防渗漏。水池的池底与池畔应设隔水层。如需在池中种植水草，可在隔水层上覆盖 30~50 cm 厚的覆土再进行种植。如在水中放置叠石，则需在隔水层之上涂布一层具有保护作用的灰浆。而在生态调节水池中，则可利用黏土类的防水材料防渗漏。

6. 水池池底的处理

（1）刚性结构水池。

刚性结构水池是指水池的结构与构造层，包括防水层都是刚性材料（如钢筋混凝土、砖、石材等），常用于冬季不结冰的南方地区。

（2）柔性结构水池。

柔性结构水池的构造层，尤其是防水层是柔性材料（如玻璃布沥青、再生橡胶膜、油毛毡等），常用于冬季结冰的北方地区。

（五）喷泉的设计

1. 喷泉和水盘

喷泉（见图 4-46）是将水向上喷射进行水造型的水景，其水姿多种多样，如蜡烛形、蘑菇形、冠形、喇叭花形以及喷雾形等。

水盘（见图 4-47）是一种布置在西式园林庭院中的水景装饰物，有大理石等材料制成的水盘，也有铸铁等材料制成的金属水盘。日式园林庭院中也配有水井状且具有水井功能的水盘。

图 4-46　喷泉

图 4-47　水盘

2. 喷泉的工艺流程

喷泉的工艺流程为：水源（河湖、自来水）—泵房（水压若符合要求，则可以省去，也可用潜水泵直接放于池内而不用泵房）—进水管—将水引入分水槽（以便喷头等在等压下同时工作）—分水器、控制阀门（如变速电机、电磁阀等时控或音控）—喷嘴—喷出各种形式的喷泉。

3. 喷泉、水盘的设计要点

（1）喷水的水姿、高度因喷头形状及工作水压而异，而且喷头所设置的位置不同（如水上或水下），其出水形态也会有所不同。在设计前，应就所选用的喷头产品向厂家做充分的咨询。

（2）喷水易受风的影响而飞散，设计时应慎重选择喷泉的位置及喷水高度。

（3）应使用滤网等过滤设施，以防回收水时收入尘砂等堵塞喷头。

（4）水盘的出水系统较为简单，如无须过高喷水，在喷头上加普通的不锈钢即可。其水泵也可用住宅水池常用的简易水下泵。

（5）水盘的边缘即落水口需做适当的处理，如做水槽，或做成花瓣形状，防止水流向水盘下部流出。

（6）水下照明器具通常安装在接水池中，如需安装在水盘内，应设法避免器具直接进入观赏者的视线。

（7）水盘等水景设施有时会被布置在大厅等室内的环境中，此时，应使用不锈钢管作为防水层，预防渗漏。

第四节

道路

道路从词义上讲就是供各种无轨车辆和行人通行的基础设施。道路按其使用特点分为城市道路、公路、厂矿道路、林区道路、乡村道路及一些园区道路，古代中国还有驿道。

园林道路主要是满足交通功能的需求，同时尽可能为游人提供一定的路边景观。道路的主要功能有如下几个方面。

1. 划分功能区域

道路是园林景观规划设计必不可少的要素，既可以将全园划分为众多功能不同的区域，又可以将被分割的区域连接成一个整体。

2. 组织交通

组织交通是道路最初承载的功能。具体说来，它承担着人流、车流的集散和疏导工作，且更多的是游人的疏导情况、各种所需要物品的交通运输及日常事务的管理工作等。

3. 指引游人游览

道路最人性化的功能便是起到引导游人的作用。它不仅可以引导游人的视线和游览路线，还可以引导游人的心智和情绪。

4. 构造景观

道路规划设计本身就是一种极具有观赏性的艺术景观，特别对于游憩小道这种趣味性较强的道路，自身看似随意但造型曲折优美的曲线无疑增加了园景的层次感。

5. 其他相关功能

道路可以为相关配套设施提供帮助，如排水系统、水力系统、电力系统、照明系统、天然气系统等规划布置可以沿道路线规划安排。

一、道路分类

（一）按照材料划分

整体路面（见图4-48）：指仅用一种材料铺设而成的路面，常用的材料包括水泥混凝土和沥青混凝土。

图4-48 整体路面

块料路面（见图 4-49）：指采用块状材料铺设而成的路面，常用块状材料有预制混凝土块、天然石块，以及带有花纹和图案的大块方砖等。

碎料路面（见图 4-50）：指路面用各种不规则的卵石、碎石、瓦片等进行规则式排列或将其排列成各种图案纹样。

图 4-49　块料路面　　　　　　　　　　图 4-50　碎料路面

（二）按照结构划分

（1）路堑型：通常将低于天然地面的铺设轨道和挖方路基称为路堑，此道路形式利于排水。

（2）路堤型：通常将高于天然地面的用土或石的填方路基称为路堤。

（3）特殊型：指如台阶、汀步等特殊形式的道路。

（三）按性质功能划分

（1）主要道路（见图 4-51）：是人们在景观园区行进的主要路线，可通行少量管理用车，道路两旁应种植绿化植物，宽度为 4~6 m。

（2）次要道路（见图 4-52）：是主要道路的辅助道路，连接各景点、建筑，宽度为 2~4 m。

图 4-51　主要道路　　　　　　　　　　图 4-52　次要道路

（3）游憩小路（见图 4-53）：主要供散步休息，引导人们深入各个区域，双人行走的路宽应为 1.2~1.5 m，单人行走路宽应为 0.6~1 m，如水边、疏林中，多曲折自由地布置游憩小路。

（4）其他道路：根据丰富游玩功能的需求，还会设有一些特别的道路，如步石（见图 4-54）、汀步、休息岛、蹬道等。

图 4-53　游憩小路　　　　　　　　　　　　　　　图 4-54　步石

二、道路技术规范

（1）园路纵、横坡应符合设计要求，主干道应设置无障碍通道。设计无要求时，横坡应为 2%~3%，主路纵坡宜小于 8%，支路和小路纵坡宜小于 18%。纵坡超过 15% 路段，路面应做防滑处理。

（2）园路建设应体现功能和景观要素，使其在引导交通的同时具有观赏价值。

（3）园路线形应流畅、优美、舒展。断面形式、尺度、路面材料的质感、色泽等应与周边环境协调。

（4）园路线形及道路宽度、转弯半径等应合理、适用；园路建设时应考虑园灯、座椅、排水等要素，园路尽量采用自然排水或明沟排水。明沟应按设计要求施工，可采用混凝土、块石、石板、软石等材料砌筑，明沟底不得低于附近高水位。

（5）园路基层设计宜采用透水、透气的砂、石等材料，除机动车行车道外，尽量不采用混凝土基层。园路基层必须压实，如遇软土地基，应进行补强处理。

（6）园路路面应耐磨、平整、防滑、适用、美观。除起装饰、点缀作用的线条等部位，不应使用光滑面层外，面层材料宜选用当地材料，充分体现自然特色，面层图案应丰富多样，避免单调乏味。

（7）安装路缘石时，其色泽、尺寸等应与路面协调并符合设计要求，无缘石路面应做好周围土体保护，防止水土流失、污染路面。

（8）园路铺设时，结合层应密实、牢固。如发现结合层不平，应取出路面材料，以结合材料重新找平，严禁用砖或石材料临空填、塞。

（9）园路设置踏步时，不应少于 2 步并符合以下要求：

① 踏步宽一般为 30~60 cm，高度以 10~15 cm 为宜，特殊地段高度不得大于 25 cm；

② 踏步面应有 1%~2% 的向下坡度，以防积水和冬季结冰；

③ 踏步铺设要求底层塞实、稳固，周边平直，棱角完整，接缝在 5 mm 以下，缝隙用石屑扫实；

④ 踏步的邻接部位，其叠压尺寸应不少于 15 mm。

三、道路构造与设计

（一）道路布局

道路布局不仅要考虑自身的布局形式，还应当同园林整体环境相协调，比如同建筑、水体、山石、景观小品等的关系，以及道路交叉口的处理方式。

1. 平面线形布局设计

道路的线性布局主要分为直线和曲线两种形式，由两种不同的线性布局方式自然产生两种截然不同的风格。

2. 丁字形相交的道路

丁字形相交的道路指两条道路成丁字形相交时，可在交点处设置道路对景。自然式的园林道路系统中以三岔口为主，在三岔口中央可设置花坛和景观小品等，但切记勿使各条道路与花坛景观小品相切。

3. 交叉口交叉道路不得多余四条

若过多的道路交叉于一点，则易使人迷失方向，造成游人在交叉口处有无所适从的感觉。

（二）道路设计

道路设计包括线形设计和路面设计，后者又分为结构设计和铺装设计。

1. 道路线形设计

道路线形设计在道路总体布局的基础上进行，可分为平曲线设计和竖曲线设计。平曲线设计包括确定道路的宽度、平曲线半径和曲线加宽等；竖曲线设计包括确定道路的纵横坡度、弯道、超高等。

道路的线形设计应充分考虑造景的需要，以做到蜿蜒起伏、曲折有致；应尽可能利用原有地形，以保证路基稳定和减少土方工程量。

2. 道路路面设计

1) 结构设计

道路结构形式有多种，典型的园路结构分为以下两点。

（1）面层，路面最上的一层。它直接承受人流、车辆的荷载和风、雨、寒、暑等气候作用的影响，因此要求坚固、平稳、耐磨，有一定的粗糙度，少尘土，便于清扫。

（2）路基，路面的基础。它为园路提供了一个平整的基面，承受路面传下来的荷载，并保证路面有足够的强度和稳定性。如果路基的稳定性不良，应采取措施，以保证路面的使用寿命。此外，要根据需要，进行道牙、雨水井、明沟、台阶、种植地等附属工程的设计。

2) 铺装设计

路面铺装设计需要有寓意性，中国园林强调"寓情于景"。在面层设计时，要有意识地根据不同主题的环境，采用不同的纹样、材料来加强意境。如北京故宫的雕砖卵石嵌花甬路（见图4-55），是用精雕的砖、细磨的瓦和经过严格挑选的各色卵石拼成的。

在中国传统铺地的纹样设计中，还用各种"宝相"纹样铺地，如用荷花纹象征"出淤泥而不染"的高洁品德；用忍冬草纹象征坚忍的情操；用兰花纹象征素雅清幽，品格高尚；用菊花的傲雪凌霜纹样象征意志坚定。中国新园林的建设继承了古代铺地设计中讲究韵律美的传统，并以简洁、明朗、大方的格调，增添了现代园林的时代感，如用光面混凝土砖与深色水刷石或细密条纹砖铺地，用圆形水刷石与鹅卵石拼砌铺地，用白水泥勾缝的各种冰裂纹铺地等。

此外，还用各种条纹、沟槽的混凝土砖铺地。在阳光的照射下，这些铺地都能产生很好的光影效果，这些光影效果不仅具有很好的装饰性，还降低了路面的反光强度，提高了路面的抗滑性能。彩色路面的应用，已逐渐为

图 4-55　故宫雕砖卵石嵌花甬路

人们所重视，它能把"情绪"赋予风景。一般认为暖色调表现热烈、兴奋的情绪，冷色调较为幽雅、明快。明朗的色调给人清新愉快之感，灰暗的色调则表现为沉稳宁静。因此，在铺地设计中有意识地利用色彩变化，可以丰富和加强空间的气氛。如北京紫竹院公园入口用黑、灰两色混凝土砖与彩色鹅卵石拼花铺地，与周围的门厅、围墙、修竹等配合，显得朴素、雅致。大面积的地面铺装，会带来地表温度的升高，造成土壤排水、通风不良，对花草树木的生长不利。

目前，除采用嵌草铺地外，国外正从事各种透水、透气性铺地材料的研究工作，并重视各种彩色路面的使用。

第五节
环境设施

环境设施设计是环境的进一步细化设计，是一个具有多项功能的综合服务系统，它在满足人的生活需求，方便人的行动，调节人、环境、社会三者之间的关系中有着不可忽视的作用。这个系统包含有硬件和软件两方面内容。

硬件设施是人们在日常生活中经常使用的一些基础设施，包含四个系统：信息交流系统（如小区示意图、公共标识、阅报栏等）、交通安全系统（照明灯具、交通信号、停车场、消防栓等）、休闲娱乐系统（公共厕所、垃圾箱、健身设施、游乐设施、景观小品等）、无障碍系统（建筑、交通、通信系统中供残疾人或行动不便者使用的有关设施或工具）。软件设施主要是指为了使硬件设施能够协调工作，为社区居民提供更好的服务而与之配套的智能化管理系统，如安全防范系统（闭路电视监控、可视对讲、出入口管理等）、信息网络系统（电话与闭路电视、宽带数据网及宽带光纤接入网等）。

一、假山

假山是园林中以造景为目的，用土、石等材料构筑的山。假山具有多方面的造景功能，如构成园林的主景或地形骨架，划分和组织园林空间，布置庭院、驳岸、护坡、挡土墙，设置自然式花台，还可以与园林建筑、园路、场地和园林植物组合成富于变化的景致，借以减少人工气氛，增添自然生趣，使园林建筑融汇到山水环境中，因此，假山成为表现中国自然山水园的特征之一。与中国传统的山水画一脉相承的假山，贵在似真非真，虽假犹真，耐人寻味。

假山按材料可分为土山、石山和土石相间的山（土多称土山戴石，石多称石山戴土）；按施工方式可分为筑山（版筑土山）、掇山（用山石掇合成山）、凿山（开凿自然岩石成山）和塑山（传统是用石灰浆塑成的，现代是用水泥、砖、钢丝网等塑成的）；按在园林中的位置和用途可分为园山、厅山、楼山、阁山、书房山、池山、室内山、壁山和兽山。假山的组合形态分为山体和水体。山体包括峰、峦、顶、岭、谷、壑、岗、壁、岩、岫、洞、坞、麓、台、磴道和栈道；水体包括泉、瀑、潭、溪、涧、池、矶和汀石等。山水宜结合一体，才相得益彰。

二、座椅

座椅是常见的户外环境总设施，被广泛应用于公园、广场、步行街中，位置一般靠近步道。座椅按照容量可分为单人座椅、双人座椅、三人座椅等。椅面长度一般以单人 600 mm 的尺度为单位，双人座椅长度在 1200 mm 左右，三人座椅长度在 1800 mm 左右，椅面宽度为 400~500 mm，椅面高度为 300~400 mm，如有靠背，高度一般为 400~600 mm。座椅按照材质分为石椅、木椅、不锈钢椅、铁艺座椅、混合材料座椅等。

座椅要根据具体景观环境的需要进行集中设置或分散布置，座椅的位置、大小、色彩、材质等要与整个环境协调统一。座椅通常可以结合树池、花池、护栏、景观小品等进行组合设计，形成具有特色而完整的环境景观。

三、雕塑小品

图 4-56　金属雕塑

（一）雕塑

雕塑主要是点景的作用，可丰富景观，同时也有引导、分隔空间和突出主题的作用。雕塑的分类有以下几种。

（1）按内容分为：纪念性雕塑、主题性雕塑、装饰性雕塑、陈列性雕塑。

（2）按形式分为：圆雕、凸雕、浮雕、透雕。

（3）按材料分为：金属雕塑（见图 4-56）、石雕、水泥雕塑、玻璃钢雕塑（永久性材料）；石膏雕塑、泥雕、木雕、冰雕（非永久性材料）。

（二）小品

（1）休憩性小品：桌、椅、凳。

（2）装饰性小品：图腾柱。

（3）照明性小品：灯柱、路灯、射灯、草坪灯。

（4）展示性小品：景墙、雕塑。

（5）服务性小品：电话亭、垃圾箱、报亭。

（6）综合性小品：花架。

1. 花架

花架是一种综合价值较高的景观小品。它可以单独成为一种景观，做点状布置时，其功效就与亭子一般；做长线布置时，又与长廊一样发挥建筑空间的脉络作用。另外，它还可以为植物生长提供攀爬空间，创造小品与植物结合的美景，同时为游人提供休闲纳凉的优良场所。花架的分类有以下几种。

（1）按表现形式分为：双边悬桃花架、单柱单边悬桃花架、双柱花架、多柱花架。

（2）按结构类型分为：木花架、竹花架（见图4-57）、仿木预制成品花架、钢花架、不锈钢花架等。

2. 电话亭

电话亭（见图4-58）按其外形可分为封闭式电话亭、遮体式电话亭等。

封闭式电话亭一般高为2~2.4 m，长宽为1~1.5 m，采用铝或钢框架嵌钢化玻璃、有机玻璃等透明材料。

遮体式电话亭隔音防护较差。

图4-57　竹花架

图4-58　封闭式电话亭

3. 垃圾箱

垃圾箱（见图4-59）既是必不可少的卫生设施，又是园林空间环境的点缀。造型要巧妙独特，并要方便丢垃圾和收垃圾。

垃圾箱的形式有固定形、移动形、依托形等。

垃圾箱的设计应根据人们的使用频率、垃圾倒放的多少、垃圾的种类与清洁工清除垃圾的次数等决定它们的容量与造型，并考虑垃圾箱的放置地点，以便使不太雅观的垃圾箱更好地与周围环境协调。

4. 书报亭

书报亭（见图4-60）是为了方便和满足居民一般生活用品和文化需求所建设的。

图4-59　垃圾箱

图4-60　书报亭

书报亭一般采用比较简易或比较时尚的小型构筑物，组成一个小型空间，构成具有空间使用功能的小品景观。书报亭的构建形式和色彩运用丰富多彩，且应根据小区、街道具体环境状况来确定其构建形式与色彩。

5. 照明灯具

园林景观照明不仅具有照明功能，它本身还具有观赏性，可以成为园林景观饰景的一部分，其造型的色彩、质感、外观应与整个景观环境相协调，烘托园林景观环境的氛围（见图4-61）。

6. 景墙

景墙（见图4-62）是建筑与园林小品中体量较大且极具震撼力的一类，往往给游人一种稳重、庄严、震撼的感觉，使游人流连忘返。

图 4-61 景观灯

图 4-62 景墙

景墙的功能：限制空间、屏障视线、分隔功能、调节气候、文脉表现、主题表现。

景墙的设计注意事项：①墙体的高度与视线的封闭性；②墙体的材质与视距；③墙体与周围其他园林要素的关系；④明确墙体的功能。

7. 挡土墙

挡土墙（见图4-63）也就是俗称的护坡。传统的护坡主要有浆砌或干砌块石护坡、现浇混凝土护坡、预制混凝土块护坡等。

挡土墙功能：①固土护坡，阻挡土层塌落；②占地，扩大用地面积；③削弱台地高差；④制约空间和空间边界；⑤造景作用。

四、标识牌

标识牌（见图4-64）是信息服务设施中的重要组成部分，设置标识牌的目的是引导人们尽快到达目的地。同时，标识牌也是文化氛围的窗口。标识牌应具有特殊的艺术表现形式，并表现对人的亲和、关爱。

图 4-63　挡墙

图 4-64　标识牌

本章小结

　　本章主要讲述景观设计的基本要素，由地下到地面一步一步逐层设计。通过对本章的学习，大家可以充分地了解景观设计中的地形、植物、水体、道路、景观设施等，以便在今后的景观设计中不出现类似的基础性错误。

思考题

　　1. 道路的设计布局有哪些？

　　2. 请讲述喷泉的工艺流程。

　　3. 溪流设计要点有哪些？

第五章

景观设计的方法与程序

JINGGUAN SHEJI DE FANGFA YU CHENGXU

第一节
景观设计方案的方法

一、宏观生态规划的总体控制

景观设计的任务书是建设委托方提出的对设计的具体要求，所以设计者在设计前应充分研究任务书的各项要求，同时要了解城市规划对此项目的立项要求及相关的法律规范。了解委托方的设计意图、设计内容、性质、造价等各方面信息是设计的第一步，因为设计的推进都是在实际目标的指导下对具体要求的落实。

设计之前，必须充分了解并收集以下与环境设计相关的一切制约因素。

（1）自然条件中的日照、气温、风向、雨水等天文资料。

（2）所处位置的地形地貌，如坡度、面积、地势、岩石走向等自然素材，以便能较好地利用自然的原有特色。

（3）了解周边景观的表现是否可利用、可结合，如何衔接才能使人、景、自然交融得更为密切。

（4）区域内人口数量、群体的社会背景、生活背景、文化修养、习俗爱好等因素的观察分析。特别要了解使用这些场所的人及其行为活动，分析他们活动的主要倾向，推测他们产生行为的原因，设想怎样为即将使用场所的特定对象提供最佳的服务。

（5）怎样处理场所中的各个局部，分析、弄清主体与陪衬者之间的关系，以便对场所的各个局部进行组织、流向及区域空间的安排。

（6）城市的远景规划、社会发展、经济条件与政府法律等。

（7）该地区的历史和人文情况、文化古迹、历史传统、民俗民风等因素的研究分析。

景观是一种占有时间和空间，有形有色，甚至有声有光的立体空间塑造，是不同类型使用者的场所，只有当这些景观要素按照一定的规律结合成一个有机整体时，只有当它们表现出寓情于景、情景交融的视觉适宜性时，才能使环境与人产生真正的共鸣，才能使环境发挥真正的作用。

二、中观管理的全生命周期的过程控制

景观规划的构思阶段即进入景观设计的中观设计阶段，整体立意需要处理好以下几种关系：区域的划分，组合要素内容的确定，形态的确定及各要素间的组织关系。

区域的划分便是基地功能的整体布局，以确立一个大的基本框架，不同的空间有不同的景观内容，它从基地的土地利用、场所机能分析及组织的角度出发，确定要素的布局，如一个办公区的环境，包括公共道路、办公大楼、服务设施、公共活动与休息空间、绿化、内外停车用地、水泵房、机房……并对这些不同功能加以分区布局，保证区域内公共空间与私密空间、用地分配、有效资源的利用以及植被绿化的搭配等景观要素有较好的综合布局；处理好环境与环境、环境与人、人与建筑、人与人之间的关系，将基地改造成为理想的环境空间，无疑是一项细心与全面的区域划分的工作。

当景观功能与空间十分明确后，需对景观功能进行组织。这些大小不等、形态各异的空间需要通过一定的脉络串联才能成为一个有机整体，从而形成景观平面的基本格局。

三、微观的设计实施

设计永远需要靠实践来检验。设计内容的达成与否要以实践为基础，在设计实施的过程中，往往会出现原方案不能达成或完成效果不好等情况，这就会产生设计的变更。设计师需要在施工过程中跟踪解决实践中产生的设计变更问题，根据实际情况调整原方案。在这个过程中，设计师要注意及时与设计委托方进行协调和沟通，设计的变更必须经委托方的同意才能进行。待方案确定后，就要全面地对整个方案进行详细的设计，包括确定形式、尺寸、色彩和材料；完成各局部详细的平立剖面图、详图、透视图等。

第二节
景观设计的程序

一、场地分析

（一）区位分析

区位分析是对场地与其周边区域关系及场地自身定位进行的定性分析。通过区位分析列出详尽的各种交通形式的走向，可以得到若干制约之后设计工作的限定性要素，例如场地出入口、停车场、主要人流及其方向、避让要素（道路的噪音等）。此外，通过场地功能、性质及其与周边场地的关系可确定项目的定位，并根据场地现状及项目要求结合多方面分析综合得出场地内部空间的组织关系。

（二）人文分析

景观设计时，不仅要理解区域和场地的自然特征，而且也要理解人及人与人之间的相关文化"磁场"，然后才能根据一个区域内一个特定的位置和一个项目的特定需求，进行合适的、具有一定功能的、关系协调的景观设计。

景观设计师也必须懂得这一点，所以除了自然因素的场地信息外，人文因素的场地信息也是我们要考虑的对象，本书将人文因素的场地信息分为文化因素的场地信息和审美因素的场地信息两个方面。

1. 文化因素的场地信息

文化因素的场地信息，泛指一切人类行为以及与之相关的文化历史与艺术层面信息：包括潜在于景观环境中的历史文化、风土民情、风俗习俗等与人们精神生活世界息息相关的东西；包括场地的使用性质及其与周边环境的关系、场地的干扰情况、场地内外的交通与运输、场地容量；包括区域社会经济因素，即使用者的人口构成、年龄构成、性别构成、职业、收入情况；包括场地内及附近公益设施和安全设施的分布情况，确定是否需要设置防火通道、紧急避难场所；包括现存建筑物、构筑物的功能、结构及损毁程度；包括是否有历史性建筑物、历史文化遗址和考古学的状况等。

2. 审美因素的场地信息

严格来讲，审美因素的场地信息不是存在于场地的信息，而是存在于要使用这块场地的人群的感性信息。场地审美因素的信息提取，就是对存在于场地周围一定区域内的传统审美习惯、审美特征进行分析，发掘场地的自然美感和其使用者的审美体验。我们可以通过调查得到一些信息：使用人群的特征、使用人群的偏好，以及对理性景观的期望、建成后对景观养护的要求、各功能空间的需求及使用频率、对各项公共设施的需求、对特殊空间的安全性考虑、夜间对照明的需求、景观对场地发展的影响及适应等。

（三）地形地貌分析

在景观设计中，地形有很重要的意义，它能影响某一区域的美学特征，影响人们对户外空间的范围和气氛的感受，也影响排水、小气候对土地的利用。

地形可以通过各种途径来加以归类和评估，这些途径包括它的规模、特征、坡度、地质构造及形态。对景观设计师来说，形态是涉及土地的视觉和功能特性最重要的因素之一。地形的形态主要包括平地、凸地（见图5-1）、山脊、凹地及山谷。我们可以从有关部门得到场地的原地形图，这种原地形图通常绘有等高线、地界线、原有构筑物、道路等。

图 5-1　凸地形

（四）生态物种分析

景观设计师需要分析、统计场地中原有植物品种及其数量与规格。植物是有生命的活体，不但可以改善一方的气候环境，而且是园林中展现岁月历史最有力的一面镜子，因此，通过对场地原有植物的分析，使植物造景在尽量保留原场地中可利用植被的前提下展开，在控制工程造价的同时延续场地原有植物的环境。场地现状的生态物种是维持场地区域生态环境的重要因素，保护并恢复这些生态群落是我们刻不容缓的责任。

（五）场地气候及地质水文分析

水文学是一门关于地表水和地下水运动的学科。地下水是指地表以下沉积物的空隙中所含有的水分，而地表水则是指在地表流动的水分。

地下水系统调查要素如下：地下水补给区；固结和未固结含水层的位置及出水量；水井的位置和出水量；水量和水质；地下水位、承压供给水；季节性高水位；不同地质单元的水的特征；渗透率。

地表水系统调查要素如下：分水岭和汇水盆地；河流、湖泊、河口、海岸线和湿地；河水流量；湖水水面、湖水潮汐；洪积平原、洪水威胁区；水的物理特征（沉积载荷、温度），水的化学特征（pH 值、氮含量、磷含量、氯含量、硼含量及导电率）；水的细菌特征；淡水或海洋的动植物群落；水体的富营养化；供水系统；污水处理系统；工业废水现状及其排放地点；对水质产生影响的固体垃圾处理场；雨水污水排放系统现状及排放地点；藻类暴发问题；水草威胁区；鱼类养殖场。

通过对前期收集的土壤、日照、温度、风、降雨、小气候等要素的分析，可得到与植物配置、景观特色及园林景观布局等息息相关的指导标准，如自然条件对植物生长的影响，日照、风及小气候对人群活动空间布局的影响等。此外还需注意场地地上物、地下管线等设计的制约因素，需要标明这些不利因素并在设计阶段进行避让。

（六）场地视线及景观关系分析

通过对场地现状的分析，确定场地内的各区域视线关系及视线焦点，为其后设计提供景观布置参考依据。例如景观轴线、道路交汇处等区域在园林设计中需要重点处理。同时应充分利用场地的现状景观延续区域历史文脉，即利用设计地段内已有、已建景观或可供作为景观利用的其他要素，例如一个磨盘、一口枯井等都可以作为场地景观设计用。场地外围视线所及的景观也可借入场地中，如"采菊东篱下，悠然见南山"即是将"南山"作为景观要素引入园内。

（七）场地的风水格局分析

风水学是古人通过长期观察环境，总结出来的一套设计规划理论，在现代社会仍有一定借鉴意义，特别在别墅庭院、居住小环境设计中应用广泛。例如居住区交叉道路，应力求正交，避免斜交。斜交不仅不利于工程管线设置，妨碍交通车辆通行，而且会造成风水上的剪刀煞地形（见图5-2）。风水学上有"路剪房，见伤亡"的谚语，这种地段不宜布置建筑，只适宜绿化和设置园林小品、标志性设施等非居住性设施。

二、理念确定

经过实地勘查后，我们就需要根据所得资料确定整体设计理

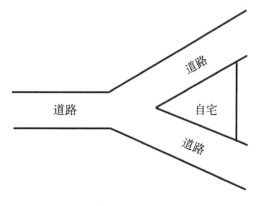

图5-2 剪刀煞地形

念。设计理念应根据以下几点确定。

（1）在景观设计时，要严格遵守所用地块控制性详细规划的规定，也要遵守相关的法律法规。

（2）对所得资料进行分析，抽出资料中与后续资料有关联的部分，结合目标确定设计的理念。充分考虑场地的气候特征，评估周边地区的环境特征，尊重场地、因地制宜，寻求与场地和周边环境密切联系、形成整体的设计理念。

（3）景观由两部分组成：一是由一些景观元素构成的实体；二是由实体构成的空间。实体比较容易受到关注，而空间往往容易被忽略。尤其是目前的设计方法，常常只注重那些硬质实体景物，而对软质实体景物相对忽视，对空间的形态、外延，以及邻里空间的联系等注重不够，形成各种堆砌景物的设计方法。因此要注重空间结构和景观格局的塑造，强调空间胜于实体的概念，通过空间与实体的结合确定设计理念。

（4）深度挖掘场地的主要特征，认真研究、分析设计对象，抓住关键性因素，顺应文脉、肌理、特性等来确定设计理念。

（5）由于景观设计具有时效性，景随季变，理念的确定应充分考虑时效性因素，以塑造随时间延续而可以更新的、稳定的景观。

三、空间布局

景观设计的理念确定后，就需要根据设计的目的和性质决定景观的功能分区，然后再结合场地条件合理进行安排和布置，在布局中协调各部分的关系，为具有特定要求的内容安排相适应的场地位置。布局的形式是由内容决定的，景观的内容是丰富多样的（如植物、山体、水体、建筑物），要在规划布局中解决好如何改造地形、协调空间、配置树种的问题，使之形成综合的统一整体。景观的功能要求、经济要求与美学要求这三方面是综合统一完成的，不能分开考虑。

（一）空间处理手法

景观是空间和时间综合的艺术，景观和各种功能只能在一定的空间和时间关系中才能发生作用，具有高度的规定性。依据我国传统的美学观念与空间意识，园林空间的塑造应美在意境，虚实相生，以人为本，时空结合。空间的大小应该视空间的功能要求和艺术要求而定。大尺度空间气势磅礴，感染力强，常使人肃然起敬，有时大尺度空间也是权力和财富的一种表现及象征。小尺度空间则较为亲切宜人，适合于人的交往、休憩，常使人感到舒适、自在。为了塑造不同性格的空间，往往通过多样灵活的空间处理手法，主要包括以下几种类型。

1. 空间对比

为了创造具有丰富变化的园景和给人以某种视觉上的感受，园林中不同的景区之间，两个相邻的内容又不尽相同的空间之间，一个建筑组群中的主、次空间之间，都常形成空间上的对比。空间的对比又包括空间大小对比、空间形状对比、园林空间明暗虚实对比。

2. 空间的渗透与层次

景观创作总是在"虚实相生，大中见小，小中见大"中追求与探索。只有突破有限空间的局限性才可以形成无穷无尽的意境空间。渗透常见的方法有：相邻空间的渗透与层次、室内外空间的渗透与层次。

3. 空间序列

空间序列可以说是时间和空间相结合的产物，就是将一系列不同形状与不同性质的空间按一定的观赏路线有次序地贯通、穿插、组合起来。空间序列的安排包括了空间的展开、空间的延伸、空间的高潮处理及空间序列的结束。空间序列的安排其实就是考虑空间的对比、渗透和层次及空间功能的合理性和艺术意境的创造性，围绕设计立意，从整体着眼，按对称规则式或不对称自由式有条不紊地安排空间序列，使其内部存在有机和谐的联系。

四、视觉设计

(一) 植物色彩设计

1. 设计原则

1）统一的原则

植物配置时，树型、色彩、线条、叶片质地及比例都要有一定差异和变化，既要显示它的多样性，又要使它们之间保持一定的相似性，引起统一感，这也是一种对立与统一的关系。在植物的配置上，我们可以选一种主要树种作为基调树，同时考虑花期色彩的变化而适当选一些树种作为配置，表现植物变化统一的原则。

2）调和的原则

调和的原则即调和对比的原则，指两种或多种颜色有秩序而协调地组合在一起，并且使人产生愉悦、舒适、满足感觉的色彩匹配关系。在色彩构成原理中，如果从色彩有对比与调和关系及其美感来说，谈及对比即等于也讨论了调和。在景区与景区之间，调和过渡色很重要，但大片反复的一致性、近似性，会使人产生单调感、疲倦感，所以采用色叶、树型对比强烈的树种将它们区别开来，以引人注目。

3）均衡的原则

均衡的原则是指非对称的视觉重力的平衡构成形式。具体地讲，色彩各造型要素被有机地安排于画面之上而获取视重稳定的平衡表现形式，该平衡较对称平衡而言，在色彩的组织上更加活泼，重于运动性，因此要做好均衡，设计者对不同色彩的心理重量的判断，就显得举足轻重。

4）韵律的原则

韵律的原则是指色彩有秩序地反复或变化。一般由一个或几个相同色彩的反复出现而形成色彩节奏的表现形式；一般通过移动色彩的位置来获取节奏韵律感，即在景观配置中，将同一种色彩对比反复运用。

2. 常用表现形式

人类在长期的色彩艺术实践过程中，创造出众多能够激发人们产生视觉美感的色彩搭配关系，这就是色彩的形式美的法则。将其应用于园林植物搭配上，园林植物色彩表现的形式一般以对比色、互补色、协调色体现较多。对比色相配的景物能产生对比的效果，给人强烈醒目的美的感受；互补色就较为缓和，给人以淡雅和谐的感觉；而协调色是指在过度对比的色彩中掺入一种特有支配作用的颜色，从而使各种相辅相成的色彩调和的方法。

1）对比色

对比色相配的景物能产生对比的艺术效果，给人强烈醒目的美感。在色彩对比的状态下，由于相互作用的缘故，人们看到的颜色与单独见到的色彩是不一样的，这种现象是由视觉残像引起的。当我们短时间注视某一色彩图形后，再看白色背景时，会出现色相、明度关系大体相仿的补色图形，如果背景是有色彩的，残像色就与背景色混色。因此，当我们进行配色设计时，就应当考虑到由于补色残像形成的视觉效果，并做出相应的处理。当有两种或两种以上色彩并一致配色时，相邻两色会互相影响，这种对比称为同时对比，其对比效果主要是：在色相上，彼此把自己的补色加到另一色彩上，两色越接近补色，对比越强烈；在明度上，明度高的对比越强，明度低的对比越弱；越接近交界线，影响越强烈，并引起色彩渗漏现象。当看一种色彩再看一种色彩时，会把前一种色彩的补色加到后一种色彩上，这种对比称为及时对比。

2）互补色

互补色在相环上常处于左邻右舍的状态，因此在整体上容易形成既统一又变化的色彩并置意境。这种构成基调因刺激适中、视感清新、色调鲜明、美感突出，而富有柔和、雅致、含蓄的色彩感受。在实际的色彩表达中，互补色构成最容易呈现出和谐的色彩定势趋向。

3）协调色

协调色一般以红、黄、蓝或橙、绿、紫三色配合获得良好的协调效果，这种配合在景观设计中十分广泛。

（二）照明设计

1. 照明分析

（1）游园路线分析，总结出游人根据该游园路线观赏园林时的视觉焦点和该游园路线上各景观节点的主次关系。

（2）景观节点的功能分析，推论出各节点的设计风格，以及实施景观照明时必须达到的亮度。

（3）主要场景分析，根据游园路线分析和景观节点的功能分析，提炼出该园林中的几个主要视点，形成大的视觉场景。

2. 表现方式

1）建筑物的夜景照明

建筑物的夜景照明，最常用的照明方式有泛光照明、轮廓照明、内透光照明等。

建筑立面的泛光照明就是用投光（泛光）灯按设计计算的一定角度直接照射建筑物立面，重塑建筑物夜间的形象。其效果是，不仅能显现建筑物的全貌，而且能将建筑物的造型、立体感、饰石材料和材料质感，乃至装饰细部处理都有效地表现出来。

（1）泛光照明。

泛光照明（见图 5-3）不是简单地重现建筑物的白天形象，而是利用投光照明的光、色、影的手段，重塑建筑物在夜间更加动人、俏丽、雄伟壮观的形象。

（2）轮廓照明。

建筑轮廓照明（见图 5-4）就是用线光源（串灯、霓虹灯、美耐灯、导光管、LED 光条、通体发光光纤等）直接勾画建筑轮廓。用窄光束光照射建筑物边缘也可起到勾勒轮廓的作用。

（3）内透光照明。

内透光照明（见图 5-5）就是利用室内光或装置在特殊位置的灯具从建筑物内部向外透射光线，形成玲珑剔透的夜景照明效果。

图 5-3　泛光照明

图 5-4　轮廓照明

图 5-5　内透光照明

2）广场的夜景照明（见图5-6）

广场的形状与面积既无定形又式样繁多，设置照明必须抓住满足功能照明为前提，根据广场的固有特色，充分发挥广场的机能。

图5-6　广场的夜景照明

3）桥的夜景照明（见图5-7）

现代的桥多是现代化的钢索斜拉桥，有双塔斜拉、单塔斜拉之分。斜拉桥的外形特色在于拉索。大桥的照明将以重点突出这一特色为主，用不同的灯具及匠心独具的艺术手法，将一架硕大的竖琴屹立在大江、大河之上。

图5-7　桥的夜景照明

4）塔楼的景观照明（见图5-8）

塔体通常由基座、塔身、塔顶等几个基本部分组成，它们构成了一个和谐的整体。建筑师在进行设计时，赋予了每个部分相应的含义，它们都有着相应的作用或功能，且从美学角度看，其美学价值在于为一个区域竖立一个地标，所以，塔体各个部分的完整照明表现十分重要，单单表现某一部分或厚此薄彼会异化塔的整体形象。

图5-8 塔楼的照明

5）水景的景观照明（见图5-9）

水景是园林景观的重要组成部分。水景的形式很多，有水面开阔、碧波荡漾的大湖水景，也有溪涧、喷泉、瀑布和水池等水景。

水面的夜景照明方法主要是利用水面造景实景和岸边树木及栏杆的照明在水面形成倒影。倒影与实景相互对照、衬托、正反相映，加上倒影的动态效果，使人感到情趣盎然、美不胜收。

对于喷泉、瀑布，可利用水下照明，将相同或不同颜色的水下灯，按一定图案排列向上照射，其效果神奇，别有情趣。

图5-9 水景的照明

6) 树木的景观照明（见图 5-10）

树木的照明应根据树木高矮、大小、外形特征和颜色区别对待。

图 5-10 树木的照明

7) 园路的景观照明（见图 5-11）

园路是园林的脉络，从入口将游人引向各个景点。路径走向蜿蜒曲折，给人创造一种步移景异、曲径通幽的效果。园路的照明应紧扣这一特点进行设计。

8) 雕塑的景观照明（见图 5-12）

园林中的雕塑小品和标志分两类：一类是观赏性的；另一类是纪念性的。照明应从雕塑的特征入手，特别从关键的部位（如头部、神态、用料、色彩及周围的环境）出发，采用侧面自上而下投光，不宜从正面均匀照射，这样才能造成神态真实、光彩适宜、立体感强的照明效果。雕塑照明应选择窄光束灯具配以适当的光源，要避开游人视线的方向，防止眩光干扰。

（三）形态设计

1. 景观设计中视觉形态的构成

景观是由多种不同元素所构成的，包括气候、地形、植物、水、构筑物等。人们眼中的景观是由诸多元素组合而成的，不同的组合方式、不同的构成元素会给人们带来不同的视觉刺激感。景观视觉形态，从愉悦身心的角度上来讲更多的是探讨其美学价值，将景观与艺术相结合，突出美的特点。

图 5-11 园路的照明

1）规则形态和自由形态

规则形态，就是通过对称的图形来组织景观。设计中小到铺装石材的摆放形式、景观构筑物的具体样式，大到景观的平面布局，都是依据规则的几何形式来入手的设计，力求一种规整感和统一性。自由形态，就是在形态的组织方面达到一种均衡，通过全局在数量、比例、动线节奏的统筹中，去追求达到一种相对的平静和稳定。这种形态没有固定的实现手段，随意性较强，但从整体上来讲能够形成一定的稳定感。

2）直线形态和曲线形态

这种分类方式是通过形态中的构成元素来界定的。直线形态，就是在一组设计之中，从平面布局、小品形式等方面，大量地应用直线元素来组织景观，呈现出一种硬朗的景观感受。曲线形态，是在设计之中应用不同的弧线元素来组织景观，呈现出一种具有动态的、委婉的景观感觉（见图5-13）。

图 5-12　雕塑的照明

图 5-13　曲线形态

3）硬质景观形态和软质景观形态

景观形态分成由植物、自然水体所组成的软质景观形态，以及其他介质所组成的硬质景观形态两大类别。硬质性景观形态包括铺装、台阶、围墙、景观设施及雕塑等几个方面。这些元素更多地反映人的主观性，并对视觉产生更为直观的刺激感。

2. 景观设计中视觉形态的层次性

视觉形态的组织应符合人的观赏习惯，在整体上应该具有一定的层次性。这种层次性与人们的视觉宽度相一致，使人们更加舒适，并能减缓视觉疲劳。景观视觉形态的塑造，就像城市的天际线，通过不同的高程变化来达到形态的丰富，同时满足人们不同视域的观看要求。在景观设计之中，不同植物的配置造景手法也是采用这样的方式来进行的。有时在草坪中会有一些低矮的花卉，与绿色草地相映衬形成颜色中的反差，草坪之上一些成组团的灌木成为人们欣赏的视觉焦点，之后还有与之相映衬的开花植物成为相配合的背景植物，最后又有较高的乔木成为视觉底景，层层推进，并以这样的植栽形成组团聚落，塑造景观视觉形态的层次性（见图5-14）。

图 5-14　视觉形态的层次性

3. 景观设计中视觉形态的组合方式

景观设计的组合方式是景观视觉形态采用不同的组合类型，来体现景观对人视觉上不同的冲击力的一种手段。这种组合方式在对所涉及内容的编排上采用恰当的表现方法，能够更加准确地表达设计的含义。总体来说，组合方式在设计中能够起到提纲挈领的作用。景观设计中视觉形态的结合主要采用轴线、对称、等级、韵律的方法，作为区域景观的协调手段。

（1）轴线：由景观中的首末为基点，首末相连接而形成一条看不见的线，景观视觉形态要素在其中以对称或者是平行的方式进行组织（见图5-15）。

图 5-15　景观轴线

（2）对称：通过一条镜像线或者是一个镜像面作为一个标准的中心，通过这条线或这个面来描绘景观视觉形态，形成一种相对应的构成方式（见图5-16）。

图 5-16　景观对称

（3）等级：这种方式是由两个方面所组成：一方面是通过体量、大小方面的主从关系，来体现出这种等级性关系；另一个方面是通过对空间大小的感觉，展现出等级性（见图5-17）。

图5-17 等级关系

（4）韵律：也就是展现节奏感，能够表现出一定的重复性或是一种方向感，将某一视觉形态依据一定的规律重复出现（见图5-18）。

在景观的设计中，是基于韵律感作为整体基调定位的，可以由中轴对称的组合形式起头，再以富于节奏感和协调感的自由平衡形式构成其他地块，使整体的景观设计在基地大范围形态的基础上达到一种相稳定和协调的状态。景观节点的设计应符合一些规律，比如在组合方式中，要根据具体的场地现状来做出合理的判断与选择，在功能满足的大前提下对组合的方法进行穿插，不同节点之间应根据性质、景观组合体量的大小及不同的视觉感受进行协调，组织出最为合理的视觉形式将其展现出来，让整体的景观节点强弱均衡，使人们游览其中之时视觉上不会感到乏味，惊喜连连。

（四）地形与借景设计

1. 地形设计

（1）地形对任何规模的景观设计中的韵律和美学特征都有着直接的影响（见图5-19）。

① 平坦地区：具有一种强烈的视觉连续性和统一感。

② 丘陵和山地：产生一种分割感和孤立感。

图5-18 韵律感

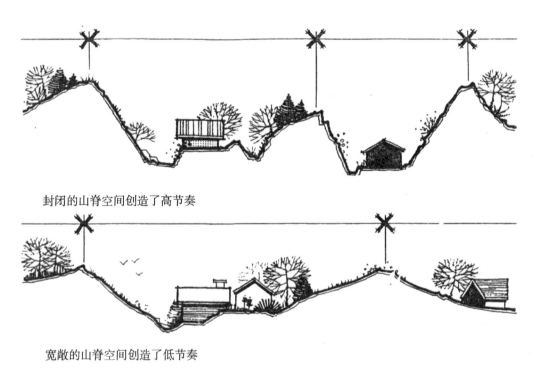

封闭的山脊空间创造了高节奏

宽敞的山脊空间创造了低节奏

图 5-19　地形节奏

在丘陵或山区内，山谷（低点）和山脊（高点）的大小和间距也能直接影响景观的韵味。

（2）地形同样能影响人们对户外空间的范围和气氛的感受（见图 5-20）。

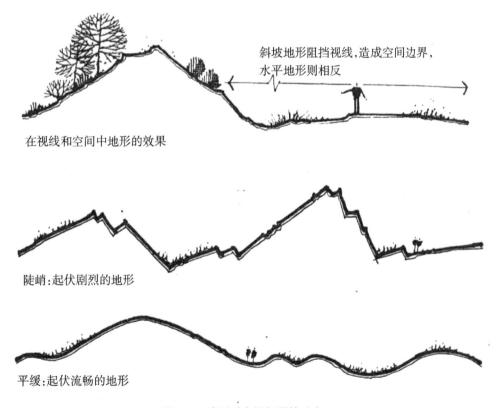

斜坡地形阻挡视线,造成空间边界,水平地形则相反

在视线和空间中地形的效果

陡峭:起伏剧烈的地形

平缓:起伏流畅的地形

图 5-20 地形对空间氛围的改变

① 平坦的外环境：在视觉上缺乏空间的限制能给人以美的享受和轻松感。

② 陡峭、崎岖的地形：在限制和封闭空间的基础上对人造成一种兴奋和恣纵的感受。

（3）在垂直面中，地形可影响可视目标和可视程度（见图5-21）。

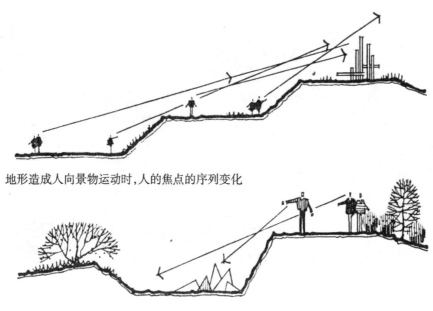

地形造成人向景物运动时，人的焦点的序列变化

在一定距离内，山头挡住视线，当人到了边沿才能见到景物

图5-21　地形对视线的影响

（4）径流量、径流方向，以及径流速度无不与地形有关，因而我们可以利用地形排水。

（5）地形能影响光照、风向，以及降雨量，因而我们可利用地形创造小气候条件。

2. 借景设计

借景在景观设计中占有特殊的重要地位。借景的目的是把各种在形、声、香上能增添艺术情趣、丰富画面构图的外界因素引入到本景空间中，使景色更具特色和变化。借景的内容有借形、借声、借色、借香等，其方法包括：远借、临借、仰借、影视而借。它对扩大空间、丰富景观效果、提高园林艺术质量有很大的作用。

借形组景：园林中主要采用对景（见图5-22）、框景（见图5-23）、渗透等构图手法，把一定景观价值的远、近建筑物、建筑小品，以至山、石、花木等自然景物纳入画面。

图5-22　对景

图5-23　框景

借声组景：在我国古典园林中，远借寺庙的暮鼓晨钟，近借溪谷泉声、林中鸟语，秋夜借雨打芭蕉，春日借柳岸莺鸣，皆为借声组景的典范。

借色组景：除了对月色的借景外，云霞在许多园林佳景中的作用很大，特别是高阜、山巅，不管是否建有亭台，都应考虑各种季节条件下云霞出没的可能性，并把它组织到画面中来。

借香组景：在造园中利用植物散发出来的幽香，为园景增添雅韵。如古典园林池中喜爱种植荷花，除取其形、色的观赏价值外，更赏其夏日散发出来的阵阵清香。

借景有远借、临借之分，把园外景物引入园内空间的渗透手法是远借；利用框景互相渗透和利用曲折、错落变化增添空间层次是临借。不论是远借还是临借，它和空间组合的技巧都是密不可分的，关键在于要做到巧于因借。

设计前，需要顾及借景的可能性和效果，除认真考虑朝向对组景效果的影响之外，在空间收放上，还要注意结合人流路线的处理问题，或设门、窗、洞口，以框景；或设山石、花木，以补景。静中观景，视点位置应固定，从借景对象所得的画面来看基本上是固定不变的，也可以采用一些对景的处理手法。若是动中观景，由于视点不断移动，建筑物和借景对象之间的相对位置随之变化，画面也就出现多种构图上的变化。为能获得众多的优美画面，在借景时应该仔细推敲得景时机、视点位置及视角大小的关系。

本章小结

本章主要介绍了景观设计的一些方法和程序，让学生从宏观、中观、微观的角度去理解和看待景观设计的方法，了解景观设计之前应该做哪些工作，收集与环境设计相关的那些制约因素，并在设计中处理好区域的划分、组合要素内容的确定、形态的确定及各要素间的组织关系。通过对本章系统的分析方法的学习，学生可以更好地在做景观设计中分析和利用现有的资源为自己的设计做铺垫，让自己的设计手法更人性化和贴近人的思想。

思考题

1. 景观设计之前应该现场勘查哪些方面？
2. 空间布局设计的手法有哪些？如何使用？
3. 植物色彩遵循哪些原理？

第六章

各类型的景观设计案例

GELEIXING DE JINGGUAN SHEJI ANLI

第一节
公园景观设计

一、公园的设计原则

1. 以人为本

公园景观设计应以保障绝大多数居民的大部分基本活动要求为原则，以"以人为本"设计目的为出发点，应用社会、经济、艺术、科技、政治等综合手段，满足人们在城市环境中的发展需求，这些需求包括功能、尺度、心理等各方面。设计要做到景观为人而做、环境为人而创的目标，把"人"当作公园设计的内在的生活者和体验者，而不是外在的毫无关系的人，体现出景观对人的关怀。

2. 生态性

自然环境是人类赖以生存和发展的基础，其地形地貌、河流湖泊、绿化植被等要素构成了城市的宝贵景观资源。公园景观设计要尽量对原始环境进行保留利用，减少土方量。在造景过程中，植物尽量以较为稳定的植物群落形式存在，多选用乡土树种。近中远期综合考虑，合理搭配速生、中生及慢生树种，保证景观的持续性。

3. 安全性

公园景观设计的儿童和老年活动区要远离园内主干道，保证其在活动时的安全性。儿童活动区内植物应当保证其每个分部都是无毒、无尖刺等，儿童涉水区域水深不得超过 0.3 m，深度较深的涉水区域要进行安全防护设施的设置，坡度较大的区域则要进行缓坡处理。设施小品的细节注意尺度及做防滑处理，并进行无障碍设计。

4. 舒适性

公园景观设计应从使用者的心理角度出发，把握其舒适性。公园的舒适性在很大程度上取决于其功能布局，因此，在设计过程中可通过清晰的结构、明确的景观层次和空间布局，配合适宜的项目设施，提高公园景观的舒适性。

5. 特色化

公园作为一种社会文明财富，必须保持它所在地域的自然、文化和历史方面的特色。文化是城市景观的灵魂，因此，我们在公园规划设计中要更好地发掘、表达、传承传统文化，展现地方特色。

6. 经济性

在公园景观设计中，要正确处理近期规划和远期规划的关系，从节能、节水、节材、节地，以及资源的综合利用和循环利用等方面使公园在节约能源、养护、管理等方面都能产生较好的效果，提高其利用效率。

二、案例分析

现以吉林长春市二道区万通街头游园景观设计（学生作业）为例进行分析。

(一) 项目概况

万通街头游园位于长春市二道区公平路与民丰大街交汇处，占地面积 2.4 hm²，呈长方形，北侧为万通花园居住区，南邻城市商业广场，游园四面环路，交通便利。

项目总占地面积 2.4 hm²，整个场地呈规则长方形，东西长 300 m，南北宽 80 m，其中绿地面积为 1.56 hm²，绿化率 65%，现状场地植物较为杂乱，整体功能不够明确，硬质景观缺少合理规划。

（二）项目现状分析

长春有着深厚的近代城市底蕴，有"东方底特律"之称。曾作为"伪满洲国"首都的长春，被誉为"北国春城"，绿化度居于亚洲大城市之冠，是中国四大园林城市之一。

通过分析得出主要的人群行为为散步、健身、游玩、娱乐等，主要的时间节点是傍晚、上午和下午，主要的人群为退休老人、小孩、家庭主妇、健身人群（见图6-1）。

图 6-1　项目现场

（三）总体规划

（1）如图 6-2 所示，总平面图采用简单的对称、均衡的方式作为主要的景观轴点，在公园的次干道和小道采用流线型，让游客在园中可以更好地感受到园中的景色，并且让游客不会有一种单调的感觉，并容易勾起游人游玩的兴趣。

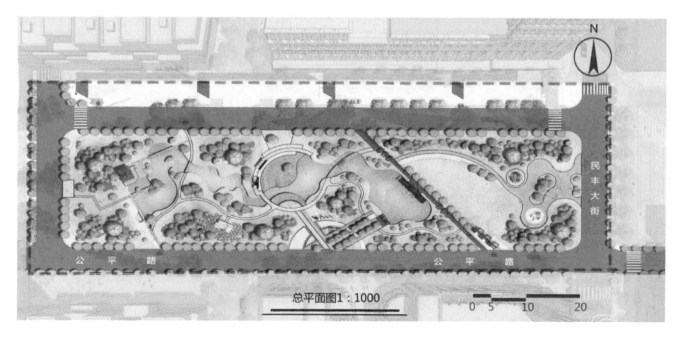

图 6-2　总平面图 1

（2）道路分析如图 6-3 所示，道路主要分为市政道路、主要景观道路和次要景观道路。

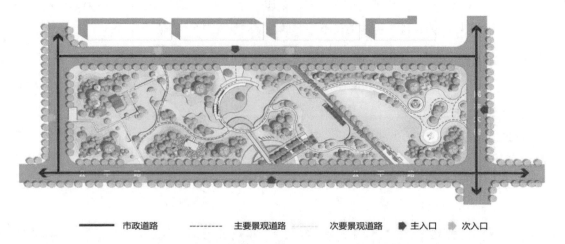

　　市政道路　　- - - - - - 主要景观道路　　- - - - - 次要景观道路　　◆ 主入口　　⇨ 次入口

图 6-3　道路分析图

（3）景观节点分析如图 6-4 所示，从图中可以明确地看出设计中的主要景观节点和次要景观节点，并且这些节点可以起到对望和链接的效果，让游客感觉有东西可看，具有一定的吸引力。

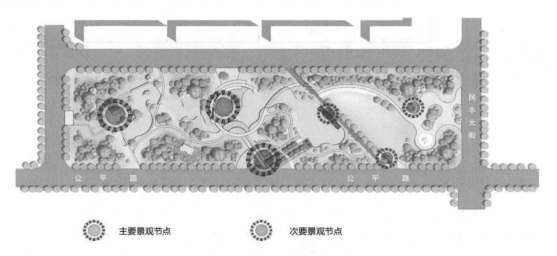

　　● 主要景观节点　　　　　● 次要景观节点

图 6-4　景观节点分析图

（4）功能分区如图 6-5 所示，设计中把项目地分为四个区域：生态休闲区、健身娱乐区、生态湿地区、娱乐滨水区。

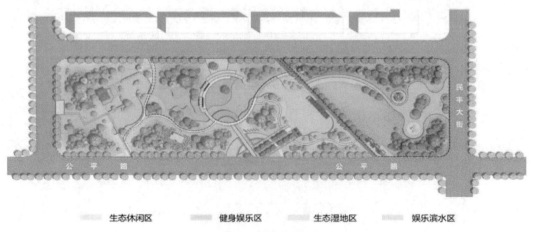

　　生态休闲区　　　　健身娱乐区　　　　生态湿地区　　　　娱乐滨水区

图 6-5　功能分区图 1

(四) 景观设计方案

(1) 中心景观位于项目的中心位置,是设计的重点区域,在设计手法上紧扣主题,入口处的景观大道从水池和斜坡中间穿过,好像一把锋利的斧头将它们劈开,故命名为"开天辟地"。项目中心景观的水韵广场可作为市民举行集会活动的场地 (见图 6-6~图 6-8)。

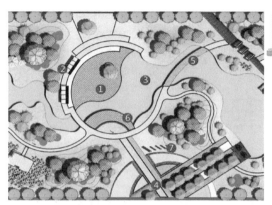

1.水韵广场
2.滨水廊架
3.浣溪戏石
4.开天辟地
5.生态木桥
6.渔人码头
7.入口标志

图 6-6 中心景观

图 6-7 中心景观效果图 1

图 6-8 中心景观效果图 2

（2）西侧景观位于项目西侧，以模拟原生态滨水湿地景观为主，设计手法上运用地形、植被、水体等元素将这里设计成生态湿地森林景观，且在河面上设计了曲桥、休闲亭供游人在水边驻足、休憩（见图6-9~图6-11）。

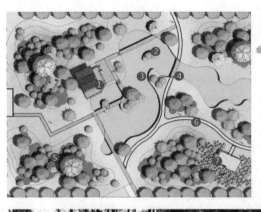

1.水畔闲亭
2.水中绿岛
3.绿水仙风
4.碧影桥
5.绿野仙踪
6.滨水小径
7.卫生间

图6-9　西侧景观

图6-10　西侧景观效果图1

图6-11　西侧景观效果图2

（3）东侧景观位于项目东侧，在设计上突出休闲、野趣等理念，分别设计了健身步道、阳光草坪、滨水长廊、休闲木平台等景点，满足不同人群的使用需求。为游客和市民创造了视野广阔的草坪，可以用于家庭聚餐、儿童玩耍等（见图6-12～图6-14）。

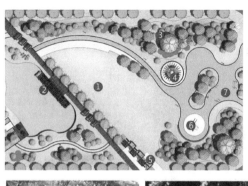

1. 阳光草地
2. 休闲平台
3. 仙踪密林
4. 圆形花架
5. 特色钢构架
6. 儿童活动区
7. 健身区

图6-12　东侧景观

图6-13　东侧景观效果图1

图6-14　东侧景观效果图2

（五）植物配置方案

植物配置上大量采用灌木丛和乔木搭配，再配置不同花期的花种，如荷花、芦苇、千屈菜等（见图 6-15、图 6-16）。

雪松 　　　伯乐树 　　　榉树 　　　杜英 　　　东北杏

水杉 　　　榆树 　　　垂柳 　　　悬铃木

观花期 　　　观叶期 　　　观果期

图 6-15　植物配置图 1

美人蕉 　　　唐菖蒲 　　　水葱 　　　水生鸢尾 　　　芦苇

睡莲 　　　千屈菜 　　　慈姑 　　　荷花 　　　香蒲

观花期 　　　观叶期 　　　观果期

图 6-16　植物配置图 2

第二节
广场景观设计

一、广场的设计原则

1. 以人为本的人性化设计原则

广场作为建筑的一种，最重要的一点就是考虑其功能要求，因此，在广场设计中切实贯彻以人为本的理念是设计核心。一切人工环境都是人类为满足自己活动需求而建造的。

2. 适宜的空间尺度原则

广场的空间尺度对人的情感和行为等都会产生较大的影响。从环境心理学角度来讲，"场所"就是要强调人在其中的感知、情绪和行为。人们在广场上交往，需要一定的距离限制。我们可以在 0.9～2.4 m 的距离内谈话，可以听清语气的细节；12 m 内可以看清人的面部表情；24 m 左右可以认清人的身份；150 m 以内可以辨别人的身体姿态；1 200 m 则是人可以看到的最大距离。

3. 气候条件的充分考虑原则

广场设计元素一般都有阳光、绿化、水体、铺地等。这些元素使用比例如何搭配、如何规划才能最大限度地发挥其功能，都是需要对当地气候情况及环境条件做充分考虑的。

4. 人们行为及活动需要的原则

人们在广场上进行各种休闲娱乐活动时，无论是独处的个人行为还是交往的公共行为都具有私密性和公共性的双重性质。有一定遮蔽和依靠但视野开阔的座位会受到青睐，这样比较有安全感。另外，广场各种设施的尺寸也需要依据人体尺寸设计，这样人们使用起来才会有舒适感。广场的空间演化过程正是一个空间人性化的过程，人们的各种行为方式或行为习惯应该对广场的空间形式及设施配置起决定性的作用。

5. 具有地方特色文化的原则

可识别性的最佳表达方式是结合地方特色文化，表达城市文化的传承。地方特色文化让人更感到熟悉，这种归属感和认同感对人们是否参与其中影响巨大。同时，对外来游客而言，能否记住自己游览过的城市广场，地方特色文化起着关键性的作用。

6. 系统与整体的设计原则

广场规划设计的系统性主要是指广场与城市规划的统一性，以及广场自身内部环境的协调性。就广场环境而言，设计时应精心布置。而对广场功能多元化的发展要求，设计时可采用功能分区的方法将其划分为若干个亚空间，即小系统。每个亚空间完成一两个功能，多个亚空间组织起来构成广场的整个系统。在空间划分时做到独立而不孤立，每个亚空间不能太小，不然会使人觉得像进入了私人房间，侵犯了已经在那里的人的隐私；亚空间也不能太大，不然会使几个人围坐却感觉不到亲近。

二、案例分析

现以昆山市民文化广场景观规划方案设计为例进行分析。

（一）项目概况

昆山位于上海到苏州的沪宁高速公路和 312 国道沿线，距离上海约 30 分钟车程。目前，昆山已经跻身于全国经济开发最快的城市之一，由于大量高新技术产业外资的涌入，昆山旧城区已经不能满足经济发展的需求，因此要进行配套基础设施的开发来适应现在的经济发展和人口流入。

（二）项目现状分析

基地四处散落着各种文化商业设施，以及一些运动设施。周边的建筑都很普通，同时还有大量的居住区、商业区和公共机构，使得整个基地处在一个封闭的环境之中。水体是基地内的重要元素，东环城河在基地西部延伸，两条小河穿过基地。除了东环城河以外，两条小河的水流由闸门控制，从而引发出难闻的气息，污染影响了一系列生态系统。

目前，基地还是昆山市的一个体育中心，包括一个开放的大草坪及其周边的户外塑胶跑道，西部还有一个大型的运动场把河流挡在视线之外。

（三）总体规划

（1）项目的总体规划采用的半中轴对称形式，在某些方面保留项目原有的基础和结构，这样可以使交通流线更加清晰，更容易突出广场的重点和特色景观，同时又不改变原有地形和环境，让周围的老居民对项目地块既感到熟悉又感到陌生，能够很好地带动他们的情绪，凸显文化广场的魅力（见图 6-17）。

图 6-17 总平面图 2

图例：1.商贸饭店；2.图书馆；3.会议中心及五星级酒店；4.昆石广场；5.访客中心；6.茶点咖啡；7.健身房；8.健身会所；9.中庭；10.地面层零售；11.篮球场；12.室内运动场（乒乓球、篮球等）；13.玻璃廊廓；14.品牌咖啡；15.游泳馆；16.图书馆咖啡；17.北部入口；18.特色公寓塔楼及行政管理；19.中央多功能大草坪；20.音乐喷泉；21.运动跑道；22.水舞台；23.新建剧场；24.新建居住塔楼；25.人工山丘上抬升的步道；26.并蒂莲池塘；27.音乐亭；28.网球俱乐部；29.游船码头；30.水上步道；31.观景平台；32.自然步道；33.舞蹈广场；34.昆山文化墙

（2）如图 6-18 所示，设计把交通流线分为机动车道、步道和抬高之步道。

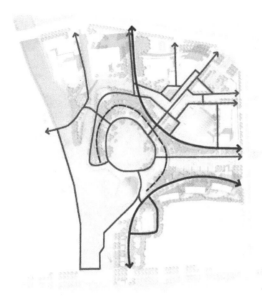

图例
←——　步道
————　抬高之步道
←—→　机动车道

图 6-18　交通流线图 1

（3）图 6-19 所示为功能分区图，设计主要把区域分为文化活动区和体育活动区两大块，然后再细分大区域里面的小区域，让人们感觉到广场里面的活动区域十分充实，勾起游客停留游玩的欲望。

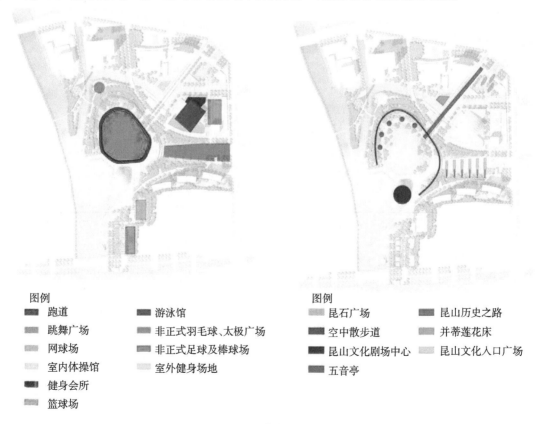

图例
■ 跑道　　　　　　■ 游泳馆
■ 跳舞广场　　　　■ 非正式羽毛球、太极广场
■ 网球场　　　　　■ 非正式足球及棒球场
■ 室内体操馆　　　■ 室外健身场地
■ 健身会所
■ 篮球场

图例
■ 昆石广场　　　　■ 昆山历史之路
■ 空中散步道　　　■ 并蒂莲花床
■ 昆山文化剧场中心　■ 昆山文化入口广场
■ 五音亭

图 6-19　功能分区图 2

(四) 景观设计方案

（1）图 6-20 所示为景观设计方案的鸟瞰图。

图 6-20　鸟瞰图 1

（2）如图 6-21～图 6-25 所示，在景观设计上，尽量符合当地的特色和周围居民的需求，建立昆山历史之路供大家体会和了解昆山的历史，同时景区里面大量采用了包含昆山文化特色的历史墙，并建立艺术表演中心、清水舞台、剧场等集会地方，让人们可以聚集这里活动，给广场和周边人群提供一个表演的舞台。

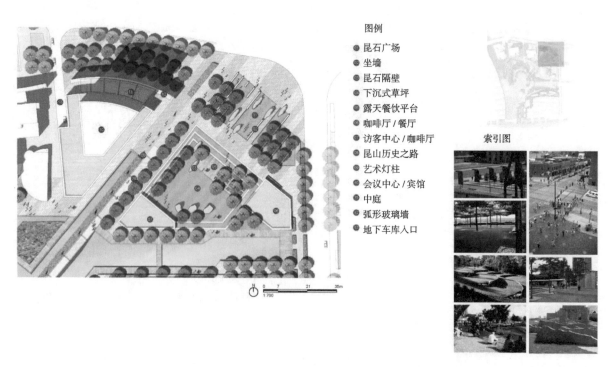

图例

- 昆石广场
- 坐墙
- 昆石隔壁
- 下沉式草坪
- 露天餐饮平台
- 咖啡厅 / 餐厅
- 访客中心 / 咖啡厅
- 昆山历史之路
- 艺术灯柱
- 会议中心 / 宾馆
- 中庭
- 弧形玻璃墙
- 地下车库入口

索引图

图 6-21　景观设计 1

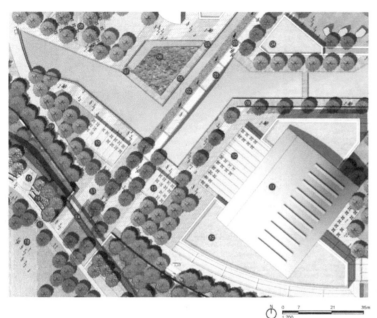

图例
① 昆山历史之路
② 绿色长园
③ 艺术灯柱
④ 访客中心 / 咖啡厅
⑤ 漂浮木栈道
⑥ 并蒂莲花床
⑦ 斜坡
⑧ 露天餐饮平台
⑨ 河岸木步道
⑩ 咖啡厅 / 餐厅
⑪ 游泳池
⑫ 健身中心 / 会所
⑬ 中心绿地入口广场
⑭ 空中散步道
⑮ 五音亭
⑯ 坐墙
⑰ 跑道
⑱ 中心大草坪
⑲ 北入口车行道

索引图

图 6-22　景观设计 2

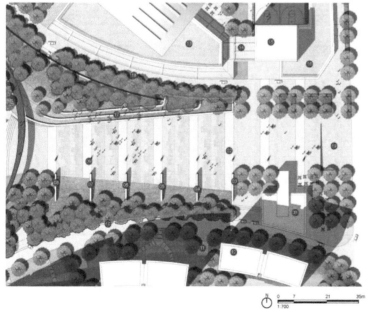

图例
① 咖啡厅
② 入口文化广场特色铺地
③ 昆山文化特色墙—阳澄湖
④ 昆山文化特色墙—玉山
⑤ 昆山文化特色墙—演山湖
⑥ 昆山文化特色墙—周庄
⑦ 昆山文化特色墙—千灯
⑧ 昆山文化特色墙—锦溪
⑨ 艺术灯柱
⑩ 撑土墙
⑪ 地下车库入口
⑫ 住宅墙楼
⑬ 健身中心 / 会所
⑭ 中庭入口
⑮ 综合商住塔楼
⑯ 商业购物
⑰ 坐墙
⑱ 北入口车行道
⑲ 东部入口标志墙

索引图

图 6-23　景观设计 3

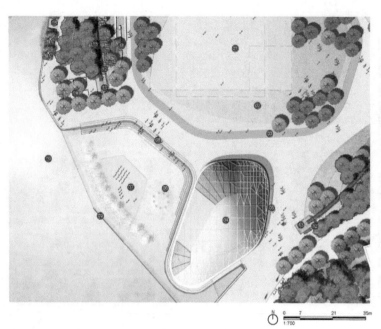

图例
- ⑪ 非正式运动塔地
- ⑫ 中心大草坪
- ⑬ 跑道
- ⑭ 艺术表演中心
- ⑮ 旋转入口
- ⑯ 动感喷泉水广场
- ⑰ 升降式水上舞台
- ⑱ 星式台阶
- ⑲ "无界"挡水墙
- ⑳ 河道
- ㉑ 坐墙
- ㉒ 入口墙道
- ㉓ 观景平台
- ㉔ 健身边亭
- ㉕ 空中散步道
- ㉖ 自然河道驳岸

索引图

图 6-24　景观设计 4

图例
- ① 新建剧场
- ② 水舞台
- ③ 台阶式木甲板
- ④ 影摩式边界

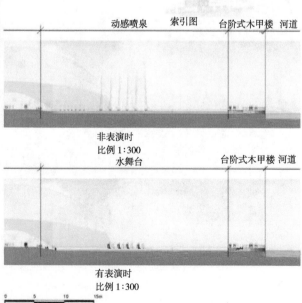

图 6-25　景观设计 5

（3）景观效果如图 6-26、图 6-27 所示。

索引图

图 6-26　景观效果图 1

索引图

图 6-27　景观效果图 2

（五）植物配置方案

植物配置方面采用大量颜色对比的乔木和灌木，使广场色彩丰富，让广场每个季节都有不同的园林景观欣赏（见图6-28、图6-29）。

图6-28　植物配置图3

图6-29　植物配置图4

第三节
居住区景观设计

一、居住区的设计原则

1. 整体性原则

居住区景观设计以整体性为原则，需要结合天时地利。在居住区景观设计中，自然环境和人文环境都必须予以考虑，要在"以人为本"的核心理念基础上，依托自然环境和资源，充分发挥人的主观能动性，创造出人与自然相互和谐的居住环境，做到既不破坏自然环境的美观，又能满足人们的居住要求，实现人文与自然的完美结合。如现今在国内经常出现不同类型的、具有异域风情的景观，完全忽略当地的人文和环境特色，生搬硬套，把别国的人文环境安置在本不属于本土的地域，将居住区景观设计引入误区。作为现代化的居住区，景观设计的主题和整体景观的定位要一致，这能对景观的自然属性和人文属性的结合起到有效的保障，从而满足居民的心理寄托与情感归宿。

2. 生态性原则

自然先于人类而存在，尊重自然，顺应自然，与自然和谐相处既是人的本性，也是居住区景观设计的重要原则之一。居住区景观设计，必须考虑当地的自然环境，合理开发运用原有的自然资源，使其既能满足人类对自然环境的需求，又能保护原有的生态环境。在进行环境设计时，要充分发挥人的主观能动性，合理布局人文景观，做到人物景观与自然景观相互吻合；特别是在科技发达的当代，要充分利用科学技术，对新型材料进行研发和应用，创造出一种整体有序、协调共生的良性生态系统，为居民的生存和发展提供适宜的环境。

3. 舒适性原则

舒适性原则在居住区景观设计中主要体现在住着舒服，看着美观。舒适是人类对居住环境的终极追求，是视觉与感觉完美结合的最好体现。优秀的居住景观设计，能达到让人们实现物质享受与精神体悟的完美结合。实现舒适性原则，需要从以下三个方面着手。

（1）规划布局。规划布局作为舒适性原则最重要的影响因素，从整体上决定了景观设计是否可以体现舒适性的原则。规划布局要结合居住区当地的人文景观和自然环境，对当地的自然环境要熟悉明了，有着清晰的结构和层次，以当地的自然特色为依托，为实现居住区景观环境的舒适性，从整体布局进行规划。

（2）住宅本体的形式美。住宅要有合适的尺度，不能太大，也不可太小，尺度适宜，满足居民对家园的情感追求。住宅的功能十分简单，即居住，但是一些特殊的区域，要求住宅需要具有抗震、节能等功能。我国以单元组合型的集合住宅占较大的比重，促使景观上呈现一种韵律美。

（3）环境设施。环境设施是实现居住景观舒适性不可或缺的要素，具有极高的使用价值和观赏性能，能为人们的居住生活增添乐趣。这些设施包括健身设施、儿童娱乐场所、路引标识和棋盘凉亭等。这些环境设施与人们的业余生活质量息息相关，是舒适性原则的重要体现，设计得体，还可以起到陶冶情操的作用。

二、案例分析

现以杭州朗诗良渚地块公共绿化带景观设计为例进行分析。

(一) 项目概况

项目位于杭州市西北部，万科良渚文化村内，紧靠良渚文化博物馆和新老 104 国道之间，项目距离杭州市区约 18 公里。

项目东侧紧靠良渚文化博物馆，西侧紧邻山体，西南侧有君澜度假酒店，东南侧为美丽洲公园，环境优美，自然和历史人文条件都非常优越。

(二) 项目现状分析

基地住宅均沿地块南北向布置。在东南侧小区出入口设置社区用房和物业配套设施，同时起到小区大堂作用。地块中的两个车行出入口均选择在规划道路上。消防流线在小区与规划道路之间环通，同时在南北两个端头结合景观铺装布置了消防回车场。

(三) 总体规划

(1) 本居住区景观设计方案，在设计上采用比较简单的流线型，让居住空间更加简单，同时使居住区的住户更加轻松、方便地出行。在设计中，把两个主要入口处作为主要的景观节点，同时在道路的尽头设置了次要景观节点（见图 6-30）。

(2) 交通流线如图 6-31 所示，中间一条主要交通流线，其他地块交通流线为网格状态。

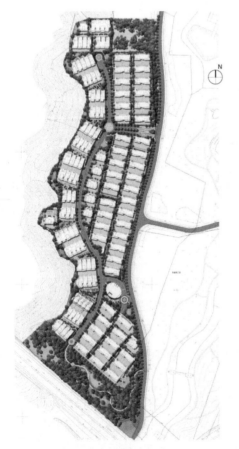

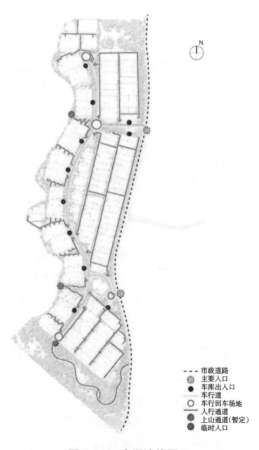

- - - - 市政道路
◎ 主要入口
● 车库出入口
车行道
○ 车行回车场地
人行通道
上山通道(暂定)
临时入口

图 6-30　总平面图 3　　　　　　　　　　　图 6-31　交通流线图 2

(3) 景观节点如图 6-32 所示。

(四) 景观设计方案

(1) 南入口景观节点处设计了中心特色——旱喷广场，除了可以有喷泉表演之外，还可以供居住区住户作为一个集会活动的广场，并且这里大量穿插种植不同颗种、颜色丰富的植物，体现出一种层次的美感（见图 6-33 ~ 图 6-35）。

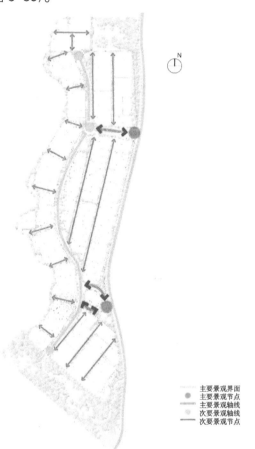

图 6-32　景观节点图 1

南入口景观

1.入口区(伸缩道闸)
2.中心特色旱喷广场
3.自然形式的草坪 + 片植花带
4.入口岗亭
5.对景绿化
6.特色跌水景观
7.连接南入口与区内车行道的人行步道
8.连接内外的车行坡道
9.会所
10.端景水源
11.下沉空间

图 6-33　南入口景观平面图

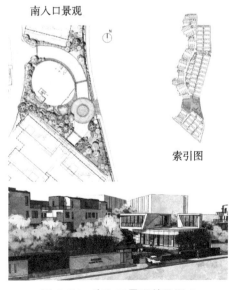

图 6-34　南入口景观效果图 1

图 6-35　南入口景观效果图 2

北入口景观

1. 入口水景
2. 门卫岗亭
3. LOGO标志墙
4. 特色铺地
5. 车库出入口
6. 列植景观树
7. 连接南北双拼区域的步道
8. 圆形节点铺装
9. 对景绿化

索引图

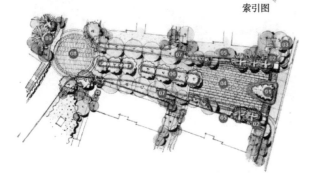

入口区平面

图6-36　北入口景观平面图

(2) 北入口景观节点是车库的出入口,在这里巧妙地设计了一个LOGO标识墙,同时用排列整齐的景观树突出强烈的轴线感,并且营造出一种浓重的迎接感(见图6-36)。

(五)植物配置方案

(1) 主入口种植设计将与现完成种植设计的部分形成呼应,在风格搭配及骨架树种上保持协调一致,形成整体统一的入口植物群落(见图6-37)。

(2) 北入口处的景观主要以竹林作为主要景观植物,彰显出整个楼盘深藏幽静的山林气质,再依次进入列植的树阵车道,强调出入口的仪式感氛围(见图6-38)。

(3) 本项目在这里将营造出一种"浓密、精致"的巷道氛围,采用自然和规则相结合的种植形式。多采用特色植物,讲究空间的开合关系,塑造亲切宜人的整体氛围和趣味性小空间,使每条宅间小道都各具特色。庭院四周通过种植绿篱、小乔木、花灌木及色叶灌木、花带来分隔公共景观和私家庭院(见图6-39)。

(4) 层层跌落的水系是整个组团景观的焦点所在,因此植物配置以烘托水景为主要目的围绕展开。水边焦点树兼作宅前入户识别树,中层在宅前密集种植以减少水面引来的吸引视线,同时注意水岸边开合关系,有收有放。(见图6-40)。

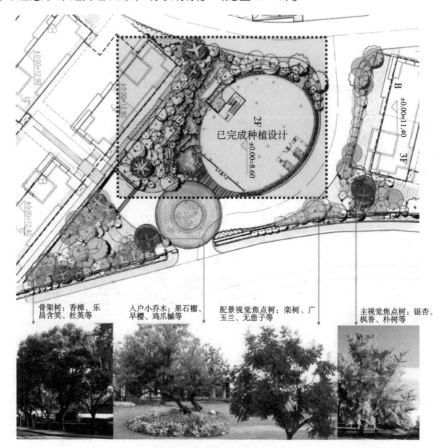

骨架树:香樟、乐昌含笑、杜英等　入户小乔木:果石榴、早樱、鸡爪槭等　配景视觉焦点树:栾树、广玉兰、无患子等　主视觉焦点树:银杏、枫香、朴树等

图6-37　植物配置图5

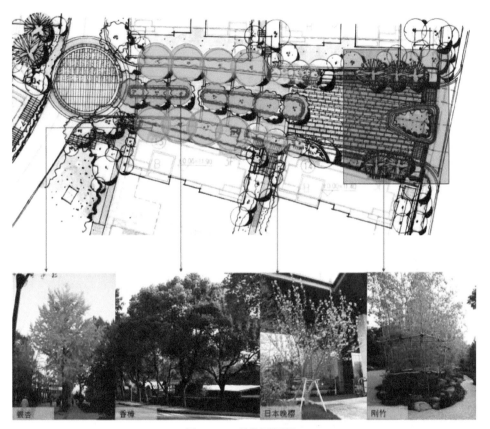

银杏　　香樟　　日本晚樱　　刚竹

图 6-38　植物配置图 6

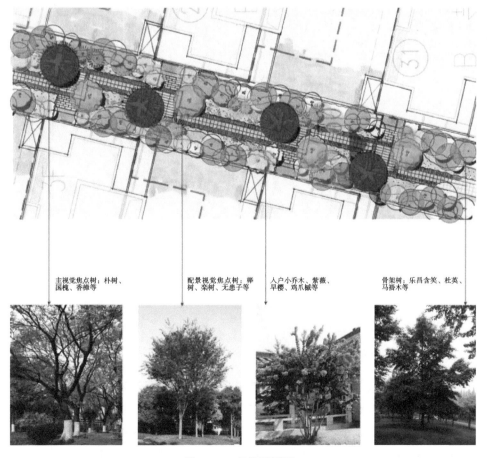

主视觉焦点树：朴树、　　配景视觉焦点树：榉　　入户小乔木、紫薇、　　骨架树：乐昌含笑、杜英、
国槐、香樟等　　　　　　树、栾树、无患子等　　早樱、鸡爪槭等　　　　马褂木等

图 6-39　植物配置图 7

骨架树：臭椿、
银杏、杜英等　　小乔木：枇杷、鸡
爪槭、日本早樱等　　配景视觉焦点树：垂
柳、枫香、女贞等　　主视觉焦点树：朴树、
无患子、香樟等　　水生植物：千屈菜、
花菖蒲、睡莲等

臭椿　　枇杷　　垂柳　　香泡　　花菖蒲

图6-40　植物配置图8

第四节
道路景观设计

一、道路的设计原则

1. 坚持与道路功能相适应

　　任何道路的景观设计都要遵循城市总体规划，塑造出与道路功能相适应的城市公共景观空间。由于道路在所处城市的位置不同，道路的宽度、设计速度、交通流量等也就不同，所形成的道路景观效果也不同。道路景观的规划设计要根据道路的级别、性质、用地情况和市政工程设施以及绿地定额等多方面因素进行考虑，道路景观的物质文化设计的宗旨是将功能与艺术相结合，来满足人们物质上的与精神上的双重需要。

2. 坚持以人为本

"以人为本"原则是从"人"的角度出发对城市道路景观提出的要求。道路上的行车者、步行的人和道路周围的居民构成了"人"的主体。城市道路空间应结合人的心理感受、行为规律及场所特征,考虑车行与人行的关系,使人在道路空间环境中活动时不仅有安全感,还有舒适感。

3. 坚持生态环保设计

城市道路景观的生态环保设计,是通过控制影响城市道路景观的各种要素,提高道路景观生态系统的生物多样性、将生态美学和景观游赏设计融为一体,按照生态的理念进行设计。通过合理的规划设计,使道路周边的人居环境、自然环境和景观的物质文化的各个要素达到协调统一,同时尊重物种的多样性,减少对资源的破坏并对自然资源进行保护。

4. 尊重城市历史文脉延续

丰富的历史人文内容是一个城市的精华所在,设计师必须将城市的人文历史融入道路景观的设计整体中,只有这样才能使设计承载更多的历史人文精神。挖掘和表达历史文化,不应仅仅停留在对某些历史文化形式的模仿或借鉴上,应注重深层次的历史文化内涵,把真正具有地方特色的文化因子与城市的人文特点、山水条件和自然环境结合起来,并恰到好处地表现在景观设计中。

二、案例分析

现以中华一路道路景观设计为例进行分析。

(一) 项目概况

武汉东湖示范区构建"一轴六心、三区两城"的空间结构。示范区以自主创新能力,辐射带动周边地带,建成具有活跃的创新经济、和谐的社会人文和绿色的生态环境,以"世界光谷"享誉全球的世界一流的科技园区。

本地段处于城市主干道,是沟通东西两侧的城市发展中心,北临豹澥产业聚集区,南临龙泉山风景区,属于汤逊湖生态绿地。道路绿廊是生态廊道的总要组成部分,对物质能量流传承载着重要的流通运输作用。

(二) 项目现状分析

武汉光谷大道位于武汉东湖新技术开发区,是连接武汉光谷片区、关山片区、流芳片区的重要道路。本项目西起泉岗北路,东至龙泉六路,总长度约 3.3 km,景观绿化面积约 7.19×10^4 m²。基地南侧的山体地貌,多处于未开发状态;现场设计范围地势整体平缓,南部靠近山体,地势较为复杂。设计范围内大部分土壤环境较为理想,局部有石块,需要进行处理。现场设计范围地势整体平缓,水系较多,局部地区地形高于路面;基地区域内植被多为自然丛生,种植杂乱无章。

(三) 总体规划

(1) 在道路景观设计的连接段上突出整体性,节点突出差异性、标识性。本项目宏观定义为"链"接,根据自然基调的构成要素,充分结合道路周边规划用地性质,以人为本,链接各项城市功能、生态资源。花脉是城市基体的血管,是道路景观的天赋语言,本项目以花言语景观,绘出一幅繁华争景图;再用高架的安全性、引导性为前提,景观设计以简洁的线条感、绿色基调感为目的,整场的绿,绿的充裕,绿的浓烈(见图6-41)。

(2) 在景观节点上面总共设计了"一轴三段七点",三个主要段落诠释时节的变化,在季节的流动中演绎出一幅缤纷舞动的生态画卷(见图6-42)。

(3) 交通流线如图6-43所示。

图 6-41　总平面图 4

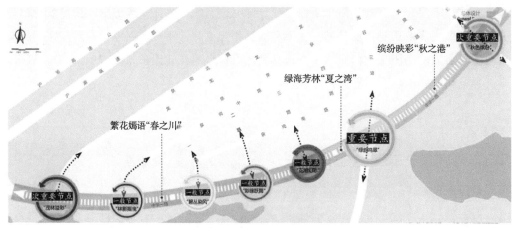

图 6-42　景观节点图 2

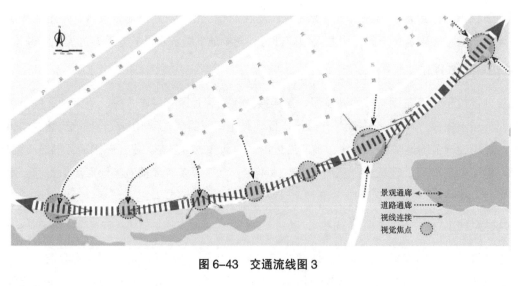

图 6-43　交通流线图 3

(四) 景观设计方案

（1）如图 6-44 所示，这里作为立交圆盘，设计以"绿色"为主题色，打造 360° 环绕立体景观效果，融入"一喊江水半喊山"的人文理念，建设"雨水生态花园"，营造一种"绿韵林丘"。

结合道路的线性空间，设计雨水花园的自然面貌与道路景观融合，使景观与功能的结合相得益彰，达到良好的景观效果，如图 6-45 所示。

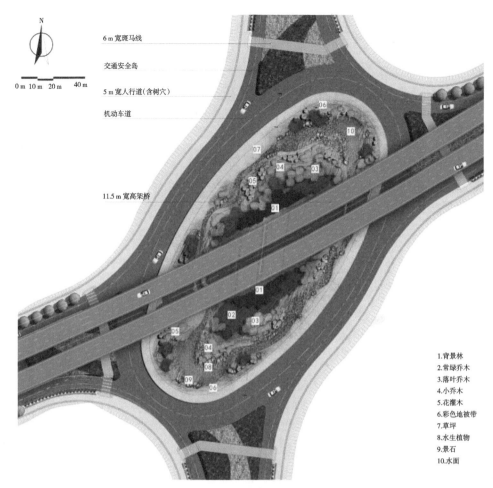

6 m 宽斑马线

交通安全岛

5 m 宽人行道(含树穴)

机动车道

11.5 m 宽高架桥

0 m 10 m 20 m 40 m

1.背景林
2.常绿乔木
3.落叶乔木
4.小乔木
5.花灌木
6.彩色地被带
7.草坪
8.水生植物
9.景石
10.水面

图 6-44 转盘景观设计

图 6-45 转盘景观设计效果图

（2）这里通过竖向堆土形成立体空间，乔、灌木的搭配疏密有致，铺以不同色系的宿根花卉及花灌组合成彩色花丘。

夜晚景观小品散出七色光，采光交融，形成绿树溢彩的绚丽感。日间高低错落的林冠线、起伏有致的微地形，整体营造一种向上的曲线美（见图 6-46、图 6-47）。

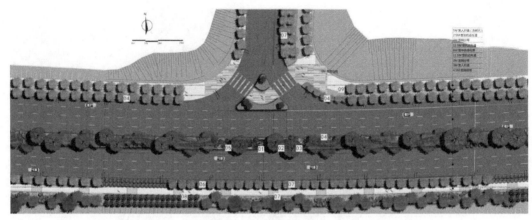

图6-46 景观节点图2

图6-47 景观节点图3

　　(3) 设计主要以绿林为背景基调，球季色叶花木构成前景，辅以交通岛的低矮花灌，营造多姿多彩的景观（见图6-48、图6-49）。

　　(4) 这里的设计在绿色基调的前提下，层次丰富的植物群落中成片"种植"高科技节能光伏装饰灯，星星点点装饰浪漫的景观风貌（见图6-50、图6-51）。

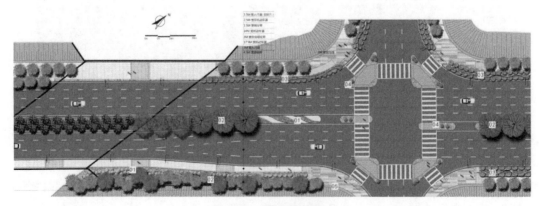

图6-48 景观节点图4

图6-49　景观节点图5

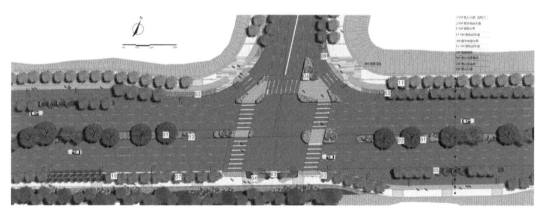

图6-50　景观节点图6

图6-51　景观节点图7

（五）植物配置方案

本项目在主要树种上面选用耐寒、耐贫瘠且自播能力强的品种组合，在行道树上面选择深根性、分枝点高、冠大阴浓、生长健壮、适宜道路环境条件的树种，搭配上花繁叶茂、花期长、生长健壮和便于管理的花灌木（见图6-52）。

图6-52 植物配置图9

第五节
滨水景观设计

一、滨水的设计原则

1. 设计要具备整体性

滨水区是一座城市的重要组成部分，因此，只有滨水区景观与城市景观统一协调起来，才能体现出城市滨水形态的完整性，从而确保整座城市建设的效果。另外，将滨水区与城市有机地结合起来，展开规划设计活动，还能将人们吸引到水边，改变人们的城市生活方式。城市设计包括对交通的规划和绿地的规划，要将滨水区与这些系统之间建立起内在的联系，还要促使城市在空间、风貌等方面呈现出整体性。比如，在河岸建设绿化道是城市设计的一部分，也是滨水景观的一部分，这两者在建设过程中要相互联系才能体现出其和谐统一性。

2. 设计需要多样性

滨水景观具有很强的可塑性，形态丰富多样，这就要求在对城市滨水区进行空间景观规划设计时，要设计出各种各样的水景，如喷泉、瀑布、小河流等。而在设计过程中，要遵循多样性原则，将不同类型的空间和服务设施综合起来。

3. 设计必须人性化

城市滨水空间景观规划设计必须人性化，其应该以人们的实际需求为导向，将规划设计与人的行为和心理联系起来。比如，一方面，人在生理上有运动、休息、交流等需求，而在心理上有空间、审美、发泄等需求；另一方面，人们的需求还具有层次性，这就要求在城市滨水空间景观规划设计的空间营造上，要实现空间环境与人类行为活动的高度统一。人性化也是城市设计应该遵循的原则，城市的总体空间、中心、广场、城市干道、商业街道、绿化空间和地下空间等设计的最终目的，都是为人民服务，方便人们的出行，满足人们的购物、休闲、娱乐、出行等需求，因此，城市滨水空间景观设计，与城市设计在人性化这方面的原则是统一的。

4. 注重文脉延续

城市是充满活力的，其具有自己的发展历史和发展规律，每一座城市都拥有丰富的历史文化积淀。在城市的发展过程中，滨水区属于发展较早的部分，其多元化表现得最为明显。在城市的滨水区，历史人文景观相对都比较丰富，通过这些人文景观，能够看到城市蕴含的深刻历史文化。

二、案例分析

现以武汉汤逊湖湿地公园设计为例进行分析。

(一) 项目概况

项目位于汤逊湖内湖西岸的红旗岛，西面湖景秀灵，东面为法式别墅群，整个汤逊湖沿湖正处于开发蓬勃期。项目距离武汉三环线约 2 km，可以便捷抵达武汉三镇。

(二) 项目现状分析

项目以中建汤逊湖壹号为起点，整个汤逊湖沿岸已经不可阻挡地发展成为武汉市新富人的钥匙，并且有着形成武汉市汤逊湖文化圈的地标性趋向。项目用地紧靠中建汤逊湖壹号，延展于汤逊湖内湖西岸，本项目的开发将给汤逊湖壹号别墅提供一个开阔开放、舒适浪漫、清爽宜人的活动及社交场所。

项目为临湖湿地，用地狭长，总长约 1 000 m，最宽约 60 m，最窄约 10 m，水面与行车道高差较大。北端转角处（汤逊湖壹号入口转盘）现状，高差不均匀，地形较乱，杂草丛生。花海的营造需对场地进行一定程度的整理。

(三) 总体规划

(1) 本项目景观设计是以汤逊湖壹号生态滨湖区打造美满生活的理念为指导，以绿色生态城市为蓝本，以滨湖自然条件、功能指标为依据设计的。设计尊重自然条件，尊重地域人文历史，以尽可能地保护、恢复和利用现有滨水景观资源（见图 6-53）。

(2) 交通流线如图 6-54 所示。

(3) 景观节点如图 6-55 所示。

堤岸

花海拾遗

碧云清波荷塘
亲水平台
碧云飞虹
木栈道

碧云草坪

凭栏阅海塔

柳塘

公园出口

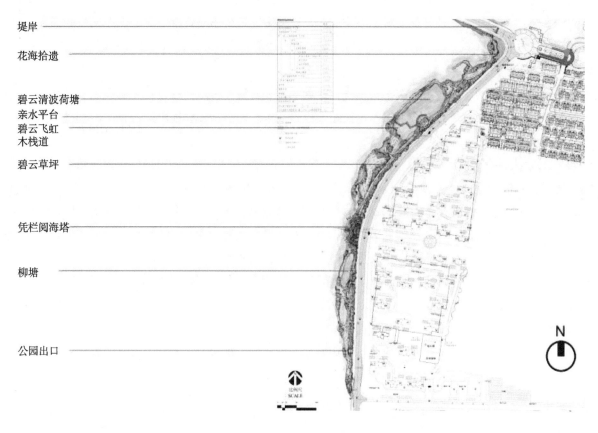

图 6-53　总平面图 5

图例：

████　公园主要浏览通道
████　游园道
████　水中栈道

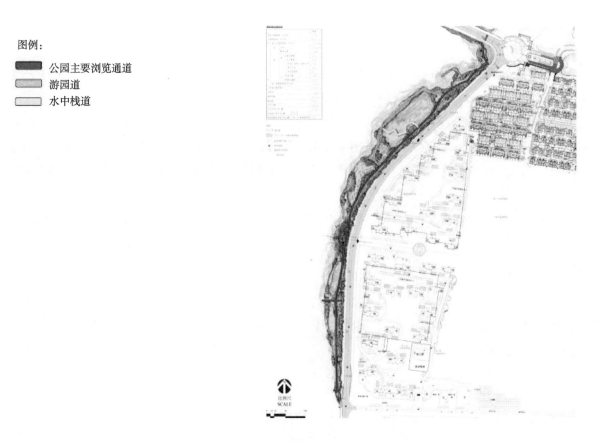

图 6-54　交通流线图 4

图例：

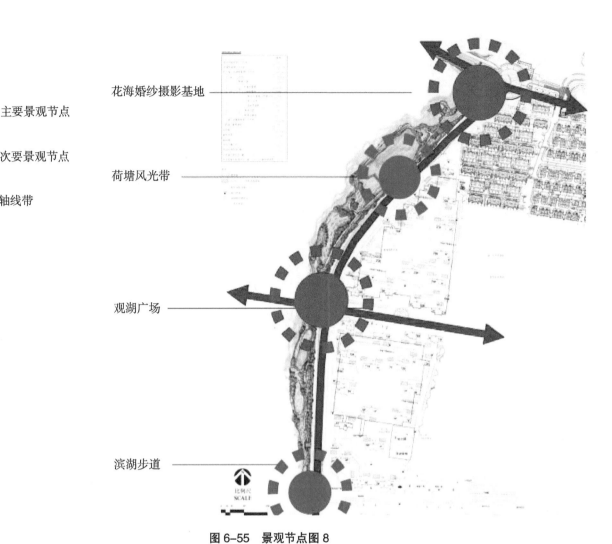

主要景观节点

次要景观节点

轴线带

花海婚纱摄影基地

荷塘风光带

观湖广场

滨湖步道

图 6-55　景观节点图 8

（四）景观设计方案

　　在整体的景观设计中，始终遵守保持原有湖岸线的指导原则，以避免生态的破坏以及不必要的浪费。局部需亲水的几个点，设置向湖面出挑的木平台（见图 6-56～图 6-62）。

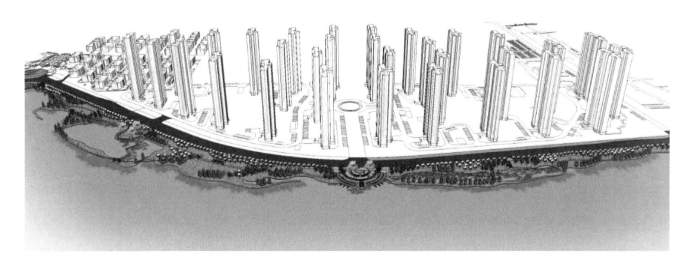

图 6-56　鸟瞰图 2

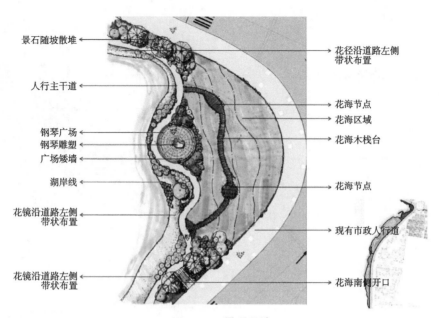

景石随坡散堆

人行主干道

钢琴广场
钢琴雕塑
广场矮墙

湖岸线

花镜沿道路左侧
带状布置

花镜沿道路左侧
带状布置

花径沿道路左侧
带状布置

花海节点
花海区域

花海木栈台

花海节点

现有市政人行道

花海南侧开口

图 6-57　景观设计 6

图 6-58　景观设计 7

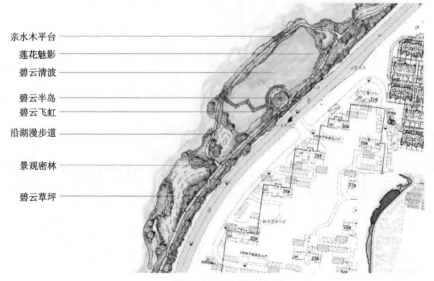

亲水木平台
莲花魅影
碧云清波

碧云半岛
碧云飞虹

沿湖漫步道

景观密林

碧云草坪

图 6-59　景观设计 8

图 6-60　景观设计 9

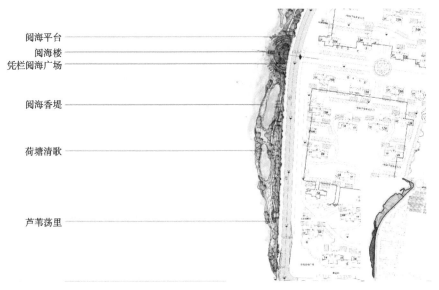

阅海平台
阅海楼
凭栏阅海广场

阅海香堤

荷塘清歌

芦苇荡里

图 6-61　景观设计 10

图 6-62　景观设计 11

(五) 植物配置方案

在植物配置上面,本项目优先选用本土具有观赏价值的植物种类,注意季相变化的丰富性,合理确定常绿植物和落叶植物的种植比例,同时配合花卉类植物,增添景观的丰富性和观赏性 (见图 6-63~ 图 6-66)。

秋色倒影 高大挺秀

通直挺拔 叶色翠绿

图 6-63 植物配置图 10

杉林晚霞 树阵广场夜景

水岸风景线 行道树

图 6-64 植物配置图 11

杉树林　　　　　木栈道与陆地植物的结合　　　　　木栈道与水生植物的结合

季相效果倒影　　　　　丰富的季相效果　　　　　整齐的大背景

图 6-65　植物配置图 13

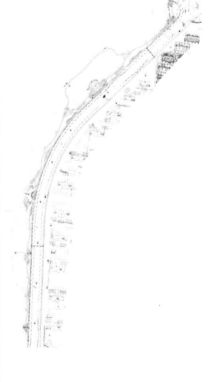

序号	图例	植物名称	规格 /cm				单位	数量	备注
			地径	胸径	蓬径	高度			
上层乔木									
1		香樟 A	30	15	600	1 000	株	6	二至三分枝，每分枝不小于 15 cm
2		香樟 B		18	400	700	株	10	大骨架栽植，分支点 2 m 以上
3		桂花 A	18~20		450	450	株	7	丛生，蓬形饱满，圆润，不偏冠
4		桂花 B	12~13		350	350	株	24	丛生，蓬形饱满，圆润，不偏冠
5		朴树 A		25	600	900	株	48	全冠栽植，其中丛植部分采用偏冠苗木拼栽
6		朴树 B		18	400	700	株	26	全冠栽植，枝下高 2.5 m 以上
7		意杨 A		15	250	700	株	36	树干笔直，全冠栽植，枝下高 1.8 m 以上
8		意杨 B		12	200	600	株	172	树干笔直，全冠栽植，枝下高 1.8 m 以上
9		池杉 A		8	250	700	株	62	树干笔直，全冠栽植，枝下高 1.8 m 以上
10		池杉 B		6	150	500	株	308	树干笔直，全冠栽植，枝下高 1.8 m 以上
11		樱花	6		250	300	株	14	蓬形饱满，不偏冠，旱樱

图 6-66　植物配置图 4

第六节
庭院景观设计

一、庭院的设计原则

1. 以人为本

一个好的庭院景观要考虑到方方面面，我们不光是在做一个观赏品、一个艺术品，更是在做一个生活用品，所以，必须要让人们想要来使用它、能够使用它，并能满足人们的要求。我们要明确地传达这个景观是让人们来使用的，而不是在远处观看的思想，所以配套的设施一定要跟上，多设置座椅、无障碍设施等，让使用者有安全感，多考虑组织私密的小空间，满足不同人群的活动要求。要静下心来，真正地去观察和总结人们的心理特性，让这些东西体现在我们的图纸当中，真正地做到人们所需要的以人为本。

2. 因地制宜

1）气候的因地制宜

气候会对人的生理健康造成直接影响，对人的精神状态造成间接影响。气候的因地制宜，就是在景观营造的时候，需要考虑气候对景观以及人所造成的影响。每个人所处区域的气候是不会发生特别大的变化的，除非人主动迁移，这也就是气候因素中应注意的一点——不可变性。设计时，我们要遵循当地的气候规律，适应气候的景观才能生存；我们要合理地利用气候条件，让它服务于设计，而不是破坏景观。

2）地形的因地制宜

地形的因地制宜分为两部分，即土地的形状和水体的再加工，它们直接影响着景观的整体效果，地形处理不好的话，就会影响景观的观赏性和人们的使用舒适性，因此，景观的地形处理，应该遵守一些原则。

如果你想要在一块土地上建立多式多样的观赏效果，首先就要进行适宜的地形处理，主要有三种方法：一是在较低处挖湖，二是在高处堆山，三是平整土地。根据地形来组织景观的空间变化和控制游览路线，对各组成要素进行适当分布，很快就能创造出自然、优美的景观，以满足人们观赏、休憩等生活需求。

庭院地形是一个连续的整体，各个组成部分之间是互相联系、互相影响、互相制约的，不能单独存在，所以，地形的处理既要满足排水要求，也要满足种植要求，并努力实现与周围环境融为一体，自然地过渡。

3）植物的因地制宜

植物的因地制宜要从影响植物生长的各个方面的因素分别阐述，比如气候、水体等，还要考虑植物的栽培成本等。在配置植物时，必须要考虑植物物种的选择，尽可能多地选用本地长势良好的树种作为主体，合理地配置利用率较高的植物，这样能从很大程度上降低后期的维护成本。在选用外来树种时，应注意这些树种的侵略性，树种的搭配选择应满足生态要求，不能只注重景观的观赏效果。

我国北方地区比较干旱，冬季寒冷，夏季炎热，而且气温温差较大，干旱对植物的影响甚至超过了温度，对于这种情况，我们可以适当地增加植物的绿化面积或者植物的数量，从而来改变小区域内的环境，达到降温增湿的目的；我国华南地区的气候特点是夏季高温高湿，因此可以通过栽植植物遮阴降温，并结合通风来解决；我国江南一带则是夏热冬冷，而且冬天没有取暖设备，所以在选择植物的时候，不但要考虑夏季遮阴，还要考虑冬季日照，居住区内不要过多地种植常绿阔叶树，应多选择落叶乔木。

4）水景的因地制宜

庭院内水景的因地制宜主要配合院中地形及局部意境来营造，在人类历史的长河中，人类早期的活动场所一般都是在河流和沿海等有水的地方，水是人们生活生产中不可缺少的条件，同时水作为人们生命的必需品，还为人们带来了视觉享受，缓缓流动的泉水、平静如镜的湖面、奔腾激流的江河、飞流直下的飞瀑、汹涌澎湃的大海、无不展示着其独特的美丽。

水景在景观中有着重要的地位，所以更要遵守因地制宜的原则，首先就要考虑地形的影响。在设计之前，要对地形尊重，人工地颠倒地形的高低来营造水景，费时费力费钱。在缺水的地区，要适当考虑虚拟水景的营造；在小尺度的景观中，要尽量避免大面积水景的出现。

5）建筑物的因地制宜

庭院内的建筑物要同院内的景观相协调，相宜的建筑物会增添庭院景观的特色，丰富庭院的内涵，而如果配合不好的话，就会显得突兀，影响整体景观。不论是单体空间还是群体空间，它们的形成都离不开建筑物，建筑物是主要的环境设计要素，建筑物不但构成景观，并影响整体景观，起到改善庭院局部小气候、影响庭院游览视线及相邻元素的景观功能。

单独的建筑物只是空间中的一个单体，不能形成空间，而如果将一群建筑物联系在一起，有组织地分布，那么建筑物之间的空间就会形成比较明显的室外空间，连续建筑物群体的墙体能够遮挡视线，相互结合形成一个大的垂直面，形成空间的外部围合。两面以上的墙会产生较强的围合感，四面的墙就会产生完全的封闭感。

建筑物的风格特点、大小及墙体和屋顶的色彩、质感、细部结构，都会直接影响建筑物周围景观的形成。如果建筑物的表面比较粗糙，墙体色调阴暗或质感不够细致，都会带给人死板、冷漠的感觉，令人厌烦而且难以靠近；反之，明快的色调、精致的外形、细腻的质感和人性化的细部都能带给人亲切友善的感觉，使人很容易接近。在中国的古典庭院中，建筑的结构基本为木质框架，这种建筑的特点就是可以不要墙体，可以轻易地营造景观的虚实对比，因此，不管庭院中有多少建筑物，也不管他们的功能与形体，都能很融洽地与其他景物相融。

3. 与文化的结合

中国的传统文化一般都是与相应的城市空间并存，而如果失去了这些特定的空间区域，这些文化就犹如城市上空的浮云，当它们挡住了现代文明的光芒，在其下方的城市景观出现阴影时，我们才会发现这些即将遗失的文化。比如，许多城镇中都有许多占用街道公共空间、危害城镇整体景观的不和谐现象，这不过是传统文化与现代城镇空间发生冲突所造成的尴尬景象，不光这些，一些乡村的文化基因也没有断绝，许多城镇都是由大小不一的村庄拼凑而成，有些具有明显乡村特性的景观依然顽强地存在于城市中，成为城镇景观中的一块斑点。

中国文化强大的包容性与适应性造就了其几千年的传承，在当今的景观设计中，我们更要拓展文化的适应性，将其合理地利用到景观设计中，促使景观和文化传承的融合从而避免景观的不和谐现象，因此我们要遵循以下原则。

1）历史性原则

景观不光是一个三维尺度的实体空间，还有着很关键的时间特性，历史中遗留下来的景观清晰地记录着一些信息。这些景观可以通过新的设计手法，在原有的景观基础上，创造新的独具特色的历史性景观，在保持和延续传统文化的同时，创造出新的景观类型。

2）空间性原则

地域文化的不同，加上经济条件的限制，会在不同的地区形成多样的景观文化，因此，要保护城市景观所携带的历史信息，保持历史文化的延续性，就必须要保持景观的空间连续性，并要同景观周围的历史空间和肌理相互呼应。在进行景观设计时，应尽量保留和利用原有的城市空间，在原有的历史景观区域的空间基础之上合理地组织和规划。

3）多样性原则

景观在满足观赏的同时，必须满足功能的需求，所以会出现形态多样、功能齐全的景观形态，它反映了人们物质生活的多样性。在景观的设计过程中，虽然要在整体的景观布局上和谐统一，但也不能采用过于相似的设计想法，否则就会出现大量形似的景观，所以我们要根据每个地块的特性来琢磨其形式，在满足功能的前提下，尽可能地增加景观的变化。

一、案例分析

现以西安院子二期景观设计为例进行分析。

（一）项目概况

项目东临高尔夫场，西傍太平河，北接圭峰山草堂寺，距环山旅游公路 500 m，项目地沿环山旅游公路自驾至亚健国际高尔夫西侧向南 500 m 即到。

（二）项目现状分析

项目定位为注重自然山水、景观园林和生活体验的顶级文化别墅，在依山傍水的庭院里，将秦岭的巍巍雄浑之势融于园林的幽幽精致之美，突显以秦岭为依托的中国山水文化、以园林为依托的名人雅士文化、以院子为依托的人文居住文化。规划设计立足"可见之美"与"可感之美"，力求通过空间及环境的营造，上升到美学的更高层次，彰显"可悟之美"；将街巷生活、邻里组团、公共园林、私家院子、生态溪谷及秦岭自然山水等要素融为一体，从而构成层次丰富、多重体验的院子生活空间和环境。

（三）总体规划

（1）项目的区域景观设计采用金、木、水、火、土五大元素，与现代的规划形式及功能相融合，并赋予其新的内涵，同时结合春、夏、秋、冬四季的特色景观园，给人以四季不同的观赏感受（见图 6-67 ~ 图 6-69）。

（2）功能分区如图 6-70 所示。

图 6-67　总鸟瞰图 1

图 6-68　总鸟瞰图 2

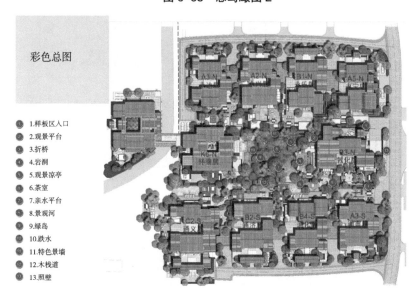

彩色总图

1.样板区入口
2.观景平台
3.折桥
4.岩洞
5.观景凉亭
6.茶室
7.亲水平台
8.景观河
9.绿岛
10.跌水
11.特色景墙
12.木栈道
13.照壁

图 6-69　总平面图 6

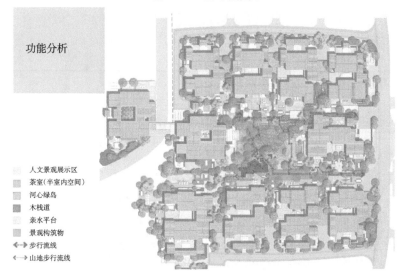

功能分析

人文景观展示区
茶室(半室内空间)
河心绿岛
木栈道
亲水平台
景观构筑物
步行流线
山地步行流线

图 6-70　功能分区图 3

（3）交通流线如图 6-71 所示。

图 6-71　交通流线图 5

（四）景观设计方案

项目主要邻水，在景观设计上主要是驳岸的处理和相应的设计，一些景观小品专门定制有当地文化特色的图案，且以木色或者铜色的材料为主（见图 6-72~ 图 6-75）。

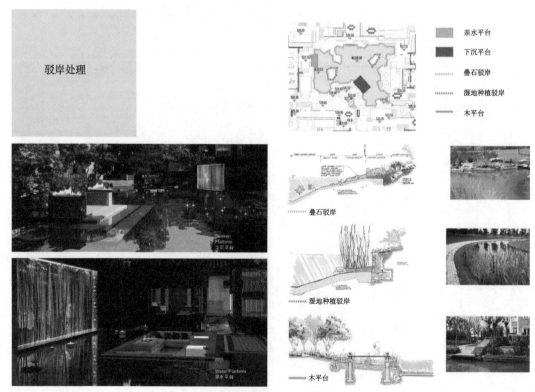

图 6-72　景观设计平面图

图 6-73　景观鸟瞰图 1

图 6-74　景观鸟瞰图 2

图 6-75　景观鸟瞰图 2

（五）植物配置方案

（1）根据用地功能规划，对软景空间产生需求，而界定出各种空间，具体可划分为组团行道区、组团中心区、私家庭院区（见图6-76）。

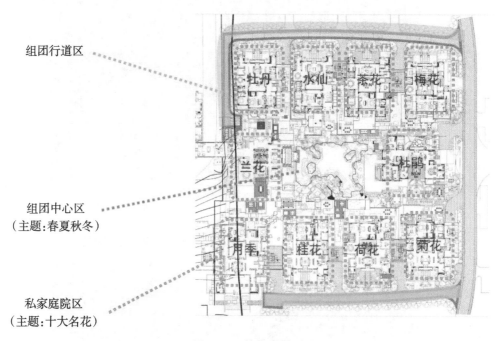

图6-76 植物配置图 14

（2）设计中利用植物季节特征将组团中心区分成"春园、夏园、秋园、冬园"四个景区，让业主能够充分体验四季变化的优美景致。春园采用：樱花、垂柳、碧桃、芍药、连翘等植物；夏园采用：丁香、槐树、金银木、紫薇、蔷薇、珍珠梅等植物；秋园采用：黄连木、鸡爪槭、五角枫、火棘、铺地柏等植物；冬园采用：柿子树、腊梅、红梅、竹子、松等植物（见图6-77、图6-78）。

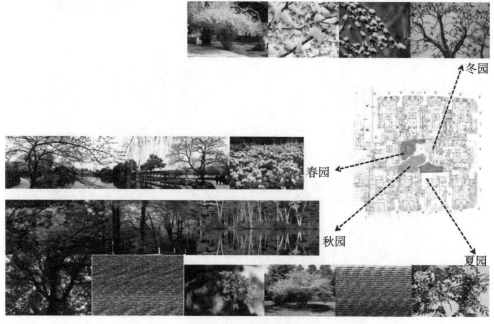

图6-77 植物配置图 15

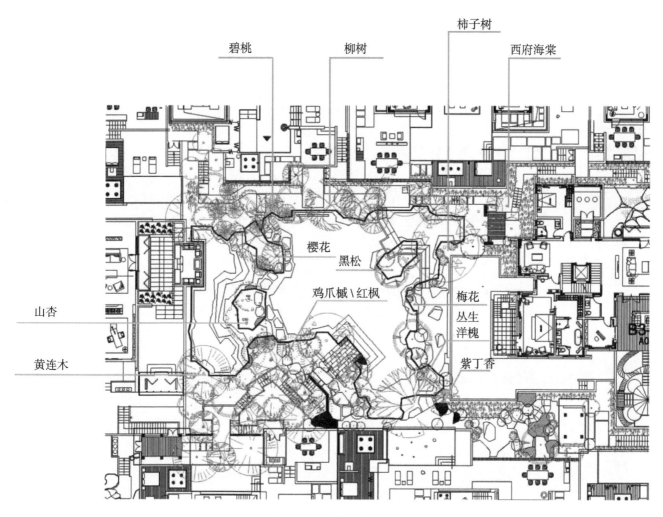

碧桃　柳树　柿子树　西府海棠

樱花
黑松
鸡爪槭\红枫

山杏

黄连木

梅花
丛生
洋槐

紫丁香

图 6-78　植物配置图 16

本章小结

本章主要讲述了各种案例中的景观设计，并详细介绍了不同案例中景观设计的一些原则，总结其规律和特点。可以看出，现在的设计越来越注重"以人为本"的原则，必须考虑到人在设计范围里的情绪、活动的方便性和舒适性，所以现在的景观设计可以说更多的是服务于人、想法超于平常人，并且考虑细致入微，向服务业贴近，达到体贴、关心人的目的，做到让冰冷的事物变得有情感。

思考题

1. 公园景观设计的原则有哪些？
2. 试讲述一下居住区景观设计的整体性原则。
3. 尝试做一个幼儿园景观设计。

参考
文献

JINGGUAN SHEJI JICHU

[1] 谢君娜. 城市公共空间景观设计的文化含义研究——以苏州周家村、台北宝藏岩为例[D]. 苏州: 苏州大学, 2016.

[2] 刘洋. "天人合一"在风景园林专业景观设计课程中的新思考[J]. 林区教学, 2017(9).

[3] 公伟. "艺术为领, 空间为体"——环境设计专业景观设计课程教学方法研究[J]. 内蒙古师范大学学报(教育科学版), 2014(10).

[4] 张华英, 谭丽. 城乡规划专业景观设计课程思考[J]. 人才资源开发, 2016(20).

[5] 赵晶波. 几何造型元素在景观设计中应用的研究[D]. 沈阳: 沈阳建筑大学, 2011.

[6] 韩效. 景观建筑学对中国景观设计发展状况的思考[J]. 四川建筑, 2004, 24(2).

[7] 福建农林大学艺术学院园林学院. 景观设计的内容及关键技巧探微[J]. 现代装饰(理论), 2014(9).

[8] 郑永莉. 平面构成在现代景观设计中的应用研究[D]. 哈尔滨: 东北林业大学, 2005.

[9] 贺德坤. 现代景观设计范式研究[D]. 重庆: 重庆大学, 2010.

[10] 杨冬辉. 中国需要景观设计——从美国景观设计的实践看我们的风景园林[J]. 中国园林, 2000(5).

[11] 林雅净. 滨水城市园林景观设计初探[J]. 绿色科技, 2017(11).

[12] 苏毅敏. 城市滨水空间景观规划设计方法分析[J]. 中华建设, 2017(5).

[13] 赵宇航. 城市景观设计的类型与手法探析[J]. 美与时代·城市, 2017(8).

[14] 刘子锋, 李焱. 试析居住区景观设计的原则[J]. 现代园艺, 2017(4).

[15] 李晓波. 庭院景观设计研究[D]. 保定: 河北农业大学, 2013.

[16] 王奔. 现代城市广场建设的设计原则及发展趋势[J]. 河南建材, 2016(6).

[17] 陈六汀. 景观艺术设计[M]. 2版. 北京: 中国纺织出版社, 2010.

[18] 单虎. 城市景观道路空间形态设计研究[D]. 合肥: 合肥工业大学, 2001.